"十二五"国家重点图书出版规划项目

车削加工物理仿真技术及试验研究

崔伯第　郭建亮　著

哈爾濱工業大學出版社

内 容 提 要

本书总结作者近年来相关研究工作，对车削加工物理仿真关键技术及其试验研究进行了较为系统的阐述，特别针对柔性工件车削加工进行了深入分析，内容包括：加工过程振动的仿真研究，加工过程稳定性分析及其试验，尺寸误差建模及其试验，切削力和表面粗糙度建模及其试验，多程车削加工切削参数优化，以及尺寸误差实时监测技术研究。

本书可作为有关专业研究生和教师的参考书，也可供在该领域从事研究和实践的工程技术人员参考。

图书在版编目(CIP)数据

车削加工物理仿真技术及试验研究/崔伯第，郭建亮著.—哈尔滨：哈尔滨工业大学出版社，2014.12

ISBN 978-7-5603-5072-1

Ⅰ.①车… Ⅱ.①崔…②郭… Ⅲ.①车削-物理模拟-研究 Ⅳ.①TG51

中国版本图书馆CIP数据核字(2014)第286419号

策划编辑 王桂芝
责任编辑 范业婷 高婉秋
出版发行 哈尔滨工业大学出版社
社　　址 哈尔滨市南岗区复华四道街10号 邮编150006
传　　真 0451-86414749
网　　址 http://hitpress.hit.edu.cn
印　　刷 黑龙江省地质测绘印制中心印刷厂
开　　本 787mm×1092mm 1/16 印张8.75 字数225千字
版　　次 2014年12月第1版 2014年12月第1次印刷
书　　号 ISBN 978-7-5603-5072-1
定　　价 49.80元

前　言

制造业是国民经济的支柱性产业，也是国家综合国力的重要体现。为提升本国制造业的全球竞争力，许多国家都把先进制造技术作为本国科技的优先发展领域。作为先进制造技术的重要组成部分，加工过程建模与仿真技术得到了广泛的关注，成为现代制造技术研究中不可缺少的重要内容。

车削加工物理仿真是车削加工过程建模与仿真的核心部分，以工艺参数、切削力、切削振动等物理因素对加工质量的影响为研究对象，通过切削过程的动力学模型，实现对加工精度、工件表面质量、刀具磨损等情况的预测，为实际加工过程的优化创造了有利条件，同时也是研究和把握车削加工过程理论的重要手段。但由于加工过程本身的高度非线性和不确定性，使得加工过程的物理建模非常困难。如何建立实用性强、准确性高、通用性好的物理仿真系统，用其准确反映切削过程的实际情况，指导切削加工过程，是多年来学术界和工程界所关注的热点问题。

本书总结作者近年来的相关研究工作，对车削加工物理仿真关键技术及相应的试验研究进行了较为系统的阐述，特别针对柔性工件车削加工进行了深入的分析。全书共7章：第1章介绍了加工仿真技术的基本状况、车削加工物理仿真技术的研究现状与发展趋势；第2章应用梁的振动理论对车削加工过程中工件振动进行建模，为抑制振动提供了理论依据；第3章针对再生型颤振，建立了车削加工稳定性极限的预测模型，并研究辅助支撑装置对稳定性极限的影响，利用预测模型指导车削参数的优化选择，使车削过程在不发生颤振的前提下显著提升加工效率；第4章分析了车削加工中尺寸误差的形成过程，建立了车削加工尺寸误差预测模型；第5章以试验研究为基础，分析了切削参数对硬态切削中切削力和表面粗糙度的影响规律；第6章建立了多次走刀加工中参数优化的数学模型，利用已建立的尺寸误差和切削稳定性模型对优化过程进行约束，使用遗传算法对车削参数进行优化选择；第7章建立了细长轴车削加工尺寸误差的实时监测系统，并结合正交试验法和神经网络建模技术对实时预测模型的输入参数进行选择，提高了实时预测的精度。

本书的出版得到了淮海工学院学术著作出版基金资助，在此表示感谢。

本书由淮海工学院的崔伯第和宁波工程学院的郭建亮共同撰写，内容均来自于作者近年来在车削加工物理仿真建模领域的研究工作，希望对在该领域从事研究和实践工作的读者有所帮助。

由于作者水平所限，书中疏漏和不妥之处在所难免，恳请各位读者批评指正。

作　者

2014年11月

目　录

第 1 章　绪　论 …… 1

1.1　加工仿真技术概述 …… 1

1.2　车削加工物理仿真技术研究现状 …… 2

1.3　车削加工物理仿真技术的发展趋势与展望 …… 15

第 2 章　车削加工过程的振动分析 …… 17

2.1　引言 …… 17

2.2　横向振动微分方程的建立 …… 18

2.3　固有频率与正则振型的求解 …… 19

2.4　工件在切削力作用下的振动 …… 30

2.5　工件弯曲振动的影响因素 …… 37

第 3 章　车削加工过程的稳定性分析及其试验研究 …… 41

3.1　引言 …… 41

3.2　再生型颤振系统的动力学模型 …… 42

3.3　车削加工的稳定性分析 …… 43

3.4　机床结构和切削过程动态特性的试验识别 …… 49

3.5　车削加工稳定性极限的预测 …… 55

3.6　车削加工稳定性的影响因素分析 …… 59

3.7　切削稳定性极限预测模型的试验验证 …… 63

3.8　提高车削加工稳定性的措施 …… 66

第 4 章　车削加工误差建模及其试验研究 …… 70

4.1　引言 …… 70

4.2　工艺系统变形与尺寸误差间的几何关系 …… 70

4.3　工艺系统变形计算 …… 71

4.4　工艺系统刚度的试验研究 …… 76

4.5　尺寸误差预测与影响因素分析 …… 81

4.6　尺寸误差预测模型的试验验证 …… 85

第5章 车削加工过程切削力和表面粗糙度的试验研究 …… 87

5.1 引言 …… 87

5.2 试验设计 …… 87

5.3 切削力预测与仿真分析 …… 89

5.4 表面粗糙度预测与仿真分析 …… 93

第6章 车削加工过程参数优化的研究 …… 99

6.1 引言 …… 99

6.2 遗传算法理论及其应用 …… 99

6.3 多次走刀加工中参数优化的数学模型 …… 101

6.4 细长轴车削加工参数的优化求解 …… 104

第7章 车削加工过程尺寸误差实时监测系统研究 …… 108

7.1 引言 …… 108

7.2 神经网络及其在机械加工中的应用 …… 108

7.3 实时预测模型的输入参数选择与模型建立 …… 110

7.4 尺寸误差实时监测试验 …… 120

参考文献 …… 121

名词索引 …… 131

第1章　绪　　论

1.1　加工仿真技术概述

制造业是国民经济的基础产业,它的水平和实力反映了一个国家的生产力水平和国防能力,决定了国家的经济竞争力和综合国力。制造业一方面创造价值,生产物质财富,另一方面为国民经济的各个生产部门提供先进的手段和装备。自20世纪80年代以来,工业发达国家和新兴的工业化国家,都把先进制造技术作为本国科技优先发展的领域和高新技术的实施重点。作为先进制造技术的重要组成部分,加工过程仿真技术亦得到了广泛的关注,成为现代制造技术研究中不可缺少的重要内容。

切削加工过程仿真是数字化制造系统的重要组成部分。它通过对机床、工件、刀具构成的加工系统中的各种加工信息有效的预测与优化,为实际加工过程的智能化创造了有利条件,同时它也是研究和把握加工过程理论的重要手段。加工仿真按照物理因素是否介入可分为几何仿真和物理仿真两个方面。几何仿真是假设加工是一个纯几何过程,并不考虑切削力、切削热及与之相关的各种物理现象,通过计算机建模和可视化技术,对加工过程中是否会产生碰撞和干涉进行预测。随着几何仿真研究的不断深入,人们不满足于仅仅考虑几何因素,而是逐渐将车削加工中各种物理现象映射到制造系统中,分析和预测工艺参数及外界干扰因素对加工质量的影响,对工艺过程进行优化,这就是加工物理仿真。

加工几何仿真的基本思想是,首先对工件毛坯、机床、刀具、夹具进行实体造型,然后将刀具与毛坯的几何模型进行布尔减运算,求得切除加工余量之后毛坯的实体模型,最后把工件、机床、夹具、刀具模型动态地显示出来,实现加工过程的动态模拟。如发现所得工件模型与最初预计的情况不符,则说明数控编程有错误,需要修改,这样重复直至数控程序正确为止。目前,国内外已对加工几何仿真进行了大量研究,不仅积累了相当成熟的经验,而且出现了很多成熟的商业化加工仿真软件,比较典型的如美国UGS公司的UG、法国达索公司的CATIA和DELMIA、美国PTC公司的Pro/ENGINEER、美国CNC Software公司的MasterCAM、美国CGTECH公司的VERICUT、以色列开发的Cimatron软件等。

加工物理仿真主要是动力学仿真,这是数控加工过程仿真的核心部分,它以工艺参数、切削力、切削振动等物理因素对加工质量的影响为研究对象，通过切削过程的动力学模型实现对加工精度、工件表面质量、刀具磨损情况的预测。但由于加工过程本身的高度非线性和不确定性，使得加工过程的物理建模非常困难，目前国内外还没有出现能够真实反映实际切削加工过程的成熟物理仿真系统，各项研究工作多处于逐步推进的过程中。

由于切削加工正向高速、高精度的方向发展，迫切需要对加工过程的物理现象进行深入研究，故在加工几何仿真的基础上进行物理仿真关键技术的研究，对提高加工效率和质量具有重要意义，加工物理仿真技术也因此成为当前机械制造领域的研究热点之一。

1.2 车削加工物理仿真技术研究现状

车削加工工艺系统由机床、刀具、工件、夹具四部分组成，由现有的切削理论可知，加工过程实际上就是材料成形的过程。在此过程中会伴有许多复杂的物理现象发生，因此物理仿真的研究内容很多，但大多集中在车削振动及稳定性、加工精度、工件表面质量、工艺参数优化、误差补偿等方面。

1.2.1 切削加工中的振动及切削稳定性

切削加工中的振动通常分为自由振动、受迫振动、自激振动及随机振动四类。自由振动是指切削系统在外界扰动结束后，由于自身阻尼作用而使振动很快衰减至零的一种振动。受迫振动是切削系统在外部激励下引起的振动。切削加工中的自激振动又称颤振，是指切削加工中无外力作用情况下，仅由加工系统自身特性激励引起的振动。随机振动指在随机因素作用下产生的小幅振动，它伴随整个切削过程，无法消除，仅能对其进行评估和分析。上述四类振动和切削系统本身动力学特性共同决定着系统的稳定性，其中颤振对切削系统影响最大，也最难分析和抑制。

根据颤振产生的物理原因，目前得到认可的有再生型颤振、振型耦合型颤振及摩擦型颤振，其中再生型颤振在实际加工中最常见，是最直接、最主要的激振机制，国内外绝大多数研究皆针对此类颤振。本质上，再生型颤振是由于上次切削形成的振纹与本次切削的振动位移间存在相位差，导致切削厚度变化而引起的颤振，也称切削厚度变化效应。

切削加工过程中，工艺系统抵抗颤振的能力即为工艺系统的稳定性。加工系统从稳态切削到有颤振发生之间存在一明显界限，称为稳定性极限，通常以极限切削宽度 $b_{\lim}$ 表示。$b_{\lim}$ 越大，工艺系统抵抗颤振的能力越强。在实际切削宽度 $b<b_{\lim}$ 范围内，切削过程处于稳定状态，不产生颤振；只有当 $b \geq b_{\lim}$ 时，工艺系统才可能发生颤振。因此，通过对机床

切削稳定极限的预测，将切削参数控制在使切削加工稳定的区域内，即可实现无颤振切削。

在线性理论范围内，再生型颤振的切削稳定性极限可用传递函数方框图求出[1]。再生型颤振系统方框图如图1.1所示，系统的传递函数可以表示为

$$\frac{x(s)}{h_0(s)}=\frac{k_c bG(s)}{1+k_c b(1-\mu e^{-Ts})G(s)} \tag{1.1}$$

式中　$h_0(s)$——名义切削厚度，mm；

$x(s)$——工艺系统在切削点处的振动位移，mm；

k_c——单位切削宽度上的切削刚度系数，$N\cdot mm^{-2}$；

b——切削宽度，mm；

$G(s)$——描述机床结构动态特性的传递函数；

μ——前后两转切削的重叠系数；

T——机床主轴转一转的时间，s。

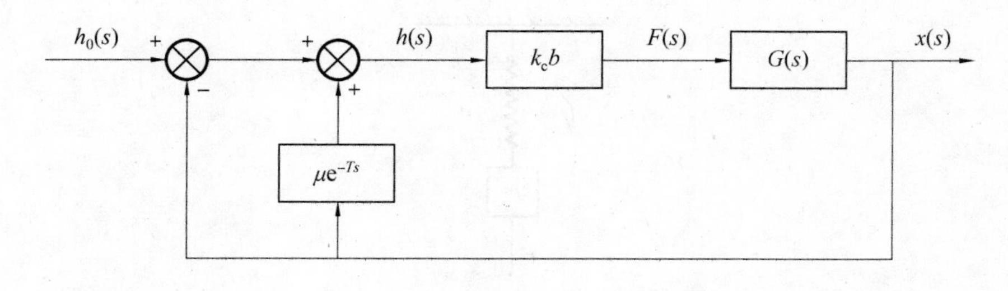

图1.1　再生型颤振系统方框图

可通过分析式(1.1)的特征方程，结合控制理论中的系统稳定性判据，确定再生型颤振系统的切削稳定性极限 $b_{\lim}$。

近年来，国内外学者在切削振动、切削系统动力学特性及其稳定性等方面开展了大量研究工作，取得了一定成果。吉林大学的于骏一等[2]对车削中的振动类型进行了识别，通过分析车削振动信号，计算出工件相邻两转切削振纹的相位差，据此认定车削过程中的强烈振动是再生型颤振。美国宾夕法尼亚州立大学的 Marsh 和 Schaut[3]针对金刚石车削加工，着重分析刀尖圆弧半径的影响，并建立了车削系统的动力学模型，据此预测切削稳定性极限。美国学者 Chiou 和 Liang[4]研究使用细长刀具车削加工时切削稳定性问题，分析了刀具磨损对切削稳定性的影响。美国普渡大学学者对车削加工时的切削稳定性进行了深入研究。Rao 和 Shin[5]提出了一种三维车削加工动态切削力模型，结合刀具振动模型进行切削稳定性极限预测研究，还分析了切削力模型中径向振动和轴向振动的耦合关

系,以预测切削加工从颤振阶段到趋于平稳的变化过程。在此基础上,Clancy 和 Shin[6] 改进了动态切削力模型,研究了刀具磨损和加工过程阻尼对切削稳定性的影响机理。美国伍斯特理工学院的 Fofana 等[7] 针对硬质合金刀具的磨损过程,对车削系统稳定极限进行分析,发现随着刀具磨损量的增加切削稳定极限在逐渐降低。吉林大学的王晓军[8] 进行了车削加工系统稳定性极限预测研究,采用时变切削深度法和时变主轴转速法对预测结果进行试验验证。

上述研究均假定工件具有良好的刚性,刀具是整个切削加工系统的薄弱环节,是主振系统,故只考虑由刀具振动所导致的再生型颤振。但生产中经常遇到的细长轴车削则刚好相反,由于工件刚度远低于车刀刚度,此时工件是薄弱环节,是主振系统。因此,在分析细长轴加工颤振问题时,必须以工件振动作为研究的重点。

针对上述问题,李晓舟和殷立仁[9] 将细长轴水平方向的振动抽象为梁的单自由度受迫振动模型(图 1.2),分别建立起加磁和不加磁两种情况下工件的振动方程。结果表明,加磁后工件振幅减小,振动频率增大。

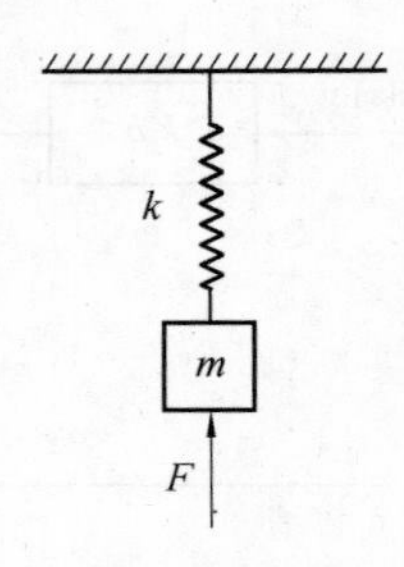

图 1.2　单自由度受迫振动模型

此外,在研究工件振动对颤振影响的动力学模型中,常将工件振动简化为如图 1.3 所示的质量-弹簧阻尼系统。但该模型过于简化,不足以精确反映细长轴加工过程的实际情况。首先,细长轴刚度呈不均匀分布,工件中部刚度远低于两端刚度,因此在加工过程中工件的振动特性是随切削点位置而变化的,上述单自由度力学模型不能反映细长轴加工中的这一特点。其次,该模型无法反映细长轴加工时装夹方式对颤振的影响。

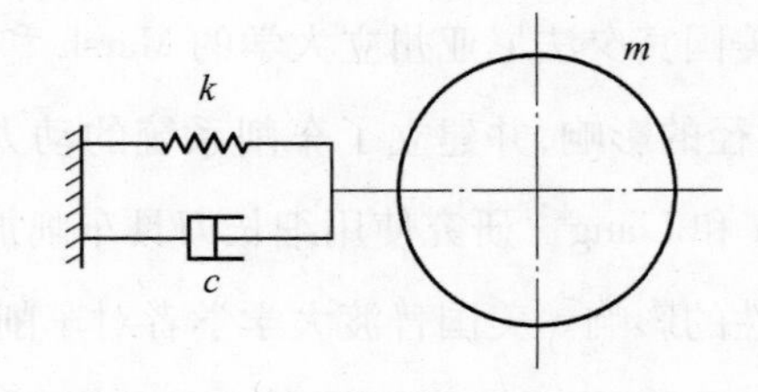

图 1.3　工件振动的单自由度力学模型

为改进工件振动模型,美国密苏里大学罗拉分校的 Lu 和 Klamecki[10] 采用均匀欧拉梁理论研究车削稳定性极限。考虑到工件装夹方式对切削稳定性有显著影响,建立了如图 1.4 所示的工件振动模型。其中卡盘对工件的支撑作用由转动弹簧和固定铰支座表示,顶尖对工件的支撑由平动弹簧表示。试验显示,计算求得的极限切削宽度具有较好的精度。中国台湾地区成功大学的 Chen 和 Tsao[11,12] 采用欧拉-伯努利梁模型研究工件振动对再生型颤振的影响,并给出了工件在悬臂装夹和卡盘-顶尖装夹方式下切削稳定性极限的数值解,但尚未进行试验验证 。上述研究只对等截面工件有效,不适用于阶梯轴切削稳定性问题,且均未考虑工件剪切变形对工件振动特性的影响。

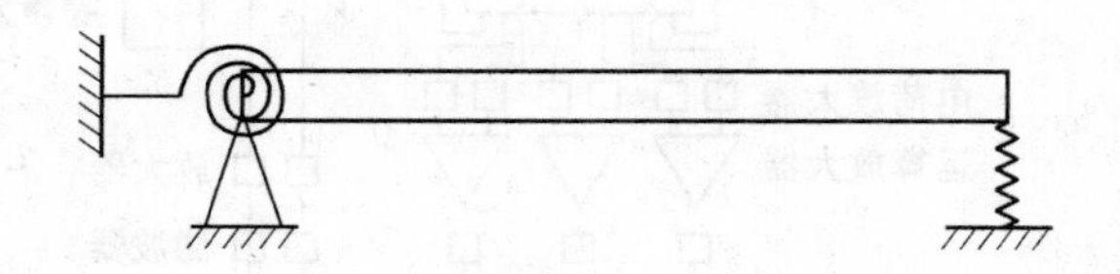

图 1.4 基于欧拉梁理论的工件振动模型

加拿大多伦多大学的 Wang 和 Cleghorn[13] 采用 Timoshenko 梁单元建立了回转阶梯轴工件弯曲振动模型,结合 Nyquist 稳定性判据分析车削稳定性极限。美国肯塔基大学的 Baker 和 Rouch[14] 利用结构有限元模型分析车削加工稳定性极限,同时研究了刀具和工件振动对切削稳定性的影响。伊朗德黑兰大学的 Ramezanali[15] 使用 ANSYS 软件建立了整个工艺系统的动力学模型,利用试验数据对有限元模型进行修正,在此基础上进行车削加工稳定性分析。

随着柔性制造系统和自适应控制系统的快速发展,切削颤振在线预报与控制技术受到广泛关注,众多学者进行了大量研究工作。瑞典皇家工学院的 Nicolescu[16] 针对车削加工建立了在线颤振辨识与控制系统,采用时间序列方法中的 ARMA(自回归-滑动平均)模型辨识加工系统动态特性,进行颤振在线控制。国内学者对颤振在线监测也进行了一定研究,中国台湾地区大同工学院的 Yeh 和 Lai[17] 建立了车削加工在线颤振监测与抑制系统,以主切削力的标准差作为阈值参数,对切削颤振进行监测。颤振发生时,系统通过增加进给量来抑制颤振。试验显示,该系统在工件长径比小于 12 时可有效监视并抑制颤振。华中理工大学的柳庆等[18] 应用人工神经网络模型对切削加工振动数据进行分析,用以监测颤振的发生。吉林大学的于骏一和周晓勤[19] 以切削振动响应特征作为预报参数,进行切削颤振征兆的早期识别。吉林大学的孔繁森等[20] 提出利用证据理论与模糊推理相结合的信息融合方法进行颤振征兆的早期识别。

Tansel 等[21] 用实测的切削动力学和结构动力学传递函数对车削加工进行仿真研究,发现切削力信号具有混沌特性。图 1.5 和 1.6 所示分别为测量切削动力学和机床结构动力学传递函数的试验装置。

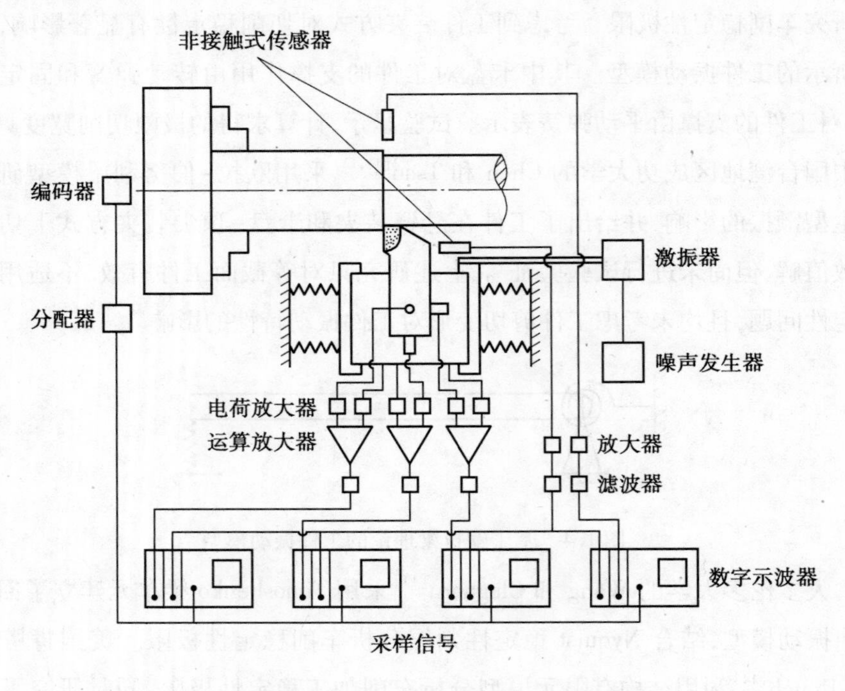

图 1.5　测量切削动力学传递函数的试验装置[21]

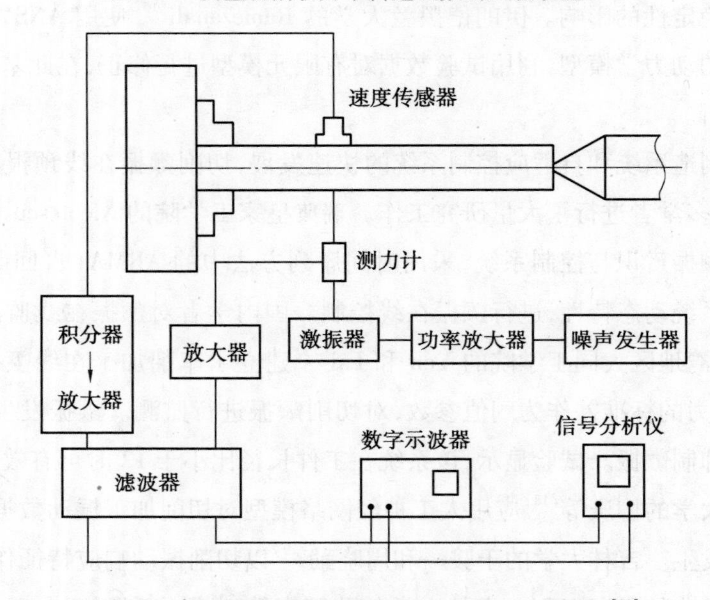

图 1.6　测量机床结构动力学传递函数的试验装置[21]

混沌运动是非线性系统特有的一种运动形式，产生于确定系统，并具有初值敏感性，类似于随机运动且无法预测其长期行为。如何判断非线性动力系统是否存在混沌运动是混沌理论的重要内容之一。混沌运动对应的相轨迹均不封闭，这表明混沌运动为非周期运动。相轨迹在某有限区域内变化,这表明混沌运动是往复运动,是有限运动而非发散运动。除了用相轨迹法判断系统是否处于混沌运动外,还可从以下方面加以判断。

(1)如李亚普诺夫指数为正值,则系统是混沌系统。

(2)如吸引子的豪斯多夫(F. Hausdorff)维数为分数,则系统做混沌运动。

(3)如拓扑熵大于0,则系统是混沌的。

1.2.2 车削加工误差建模与分析

加工误差仿真是物理仿真的重要内容之一,加工误差模型的建立是实现加工误差分析及误差补偿的基础和关键。通过建立误差模型进行加工误差分析,在此基础上提出加工误差的补偿方法,以达到提高零件加工质量的目的。在加工误差中,尺寸误差是车削加工中重要的产品质量特征之一,特别是对于细长轴类零件,尺寸误差更是衡量其加工质量的主要指标。因此,目前对车削加工误差仿真的研究主要针对尺寸误差展开。

在车削加工过程中,产生尺寸误差的原因主要包括[22]:机床的几何误差、工艺系统的受力变形和热变形以及刀具和机床磨损产生的误差。一般情况下,由机床的几何误差、热变形和磨损造成的尺寸误差约在10 μm的数量级,而在切削力作用下工艺系统变形产生的尺寸误差达已到100 μm的数量级[23]。因此,工艺系统的受力变形是产生尺寸误差的主要因素[23,24]。对于细长轴类零件,其刚度远低于普通轴,极易在切削力作用下产生弯曲变形,故工件受力变形对细长轴加工中尺寸误差的影响尤为突出。

目前,对车削加工中工艺系统受力变形对尺寸误差的影响已经进行了广泛的研究。加拿大麦吉尔大学的Kops等[25,26]以由两个不同直径构成的阶梯轴为研究对象,建立了背吃刀量与工件变形的解析模型,进而预测出工件的尺寸误差。加拿大蒙特利尔大学学者Mayer等[27]建立了车削加工中尺寸误差的数值预测模型,给出了不同装夹方式下尺寸误差的预测实例,并通过数值仿真研究了不同切削力分量对尺寸误差的影响情况,但该研究未对其预测模型进行验证。仿真分析显示,背向力对尺寸误差起决定性作用,进给力亦对尺寸误差有重要影响,而主切削力对尺寸误差的影响则可忽略不计。美国南阿拉巴马学院的Phan等[28]对Mayer提出的模型进行改进,考虑了工件剪切变形对尺寸误差的影响,并通过试验验证了模型的有效性。意大利卡西诺大学学者Carrino等[29]建立不同装夹方式下的尺寸误差预测模型,该模型考虑了工件、夹具变形及刀具退让等导致尺寸误差的因素。意大利卡西诺大学的Polini和Prisco[30]基于三个不同的切削力模型分别建立了车削加工中的尺寸误差预测模型,并将三种模型的预测值进行比较,结果显示由Armarego切削力模型所得出的预测值与实测值最接近。希腊雅典国家技术大学的Benardos等[31]

分别采用解析方法和人工神经网络方法预测车削加工中的尺寸误差。比较显示,神经网络模型具有更好的预测精度,而解析模型的适用范围更广。

国内山东大学的刘战强[32,33]采用有限差分法计算复杂形状工件车削过程中的变形情况,并在此基础上对工件变形进行离线补偿,从而获得所需的尺寸精度。天津大学学者范胜波[34]采用 Mayer 等提出的方法对普通轴车削加工中的尺寸误差进行预评估,进而通过修改数控代码对尺寸误差进行离线补偿。试验显示,经补偿后工件的尺寸误差降低了70%左右。北京理工大学的刘佳等[35]将有限元方法和人工神经网络运用于计算机辅助加工工件变形分析中,实现了对工件切削加工变形量的准确预报和对加工参数的优化。中国科学技术大学的亓四华等[36]提出应用人工神经网络预测加工尺寸误差动态分布方法,可有效控制机械加工工艺过程,保证工件加工质量。此外,西北工业大学的乐清洪等[37]提出利用有监督线性特征映射网络构造产品质量参数预测模型,并提供了该预测模型在车削尺寸预测中的应用,研究表明该方法具有较高的预测精度,对加工过程具有一定的跟踪能力并能够对加工过程进行智能质量控制。

1.2.3 车削加工表面质量的研究

从机械零件使用角度看,由于宇航事业的发展,人们对可靠性的要求在不断提高。零件表面层损伤常常造成重大事故,所以工程技术人员高度重视切削加工的表面完整性。从力学观点看,机械零件的弯曲、扭转等受力方式以及磨损、腐蚀等工作条件会使最大应力或最先受损部位发生在零件表面。如果加工方式不当,会使零件表面在加工过程中就已经受到损害或形成缺陷。根据断裂力学可知,机器零件表面开始可能只出现微小裂纹,但由于长期工作而使裂纹不断扩展,最终会发生突然断裂或失效,以致造成事故。从机械零件加工角度看,在车削加工过程中,刀具与工件表面接触区将发生切削力、切削热等各种非常复杂的物理现象,加工后工件表面与母体材料特性存在很大区别,因此表面质量是加工质量的主要内容之一。

首先,经过切削加工的表面都具有一定的粗糙度,这是因为切削刃几何形状不可能非常完整,进给运动也不可能太细小,刀具不可能彻底将工件表层材料切完。此外,切削运动和切削抗力的不均匀和不稳定、切削过程中工艺系统的弹性变形以及刀具与工件间的摩擦力波动性等因素,都成为产生工件表面粗糙度的重要原因。

其次,切削加工中,工件表面材料要经受超过材料本身硬度值的挤压应力,又由后刀面磨损带施加很大的摩擦力,产生剧烈的摩擦,从而受到剪切和拉伸应力。总之,工件表面不仅受到垂直于表面的挤压应力,还受到平行于表面和切削速度的剪切和拉伸应力。

对于塑性材料而言,无论受到挤压还是拉伸,根据体积不变原理,其塑性变形的产生最终还是表现为剪切变形。如果工件中某一点的剪切应力超过其剪切强度,那么该点就会产生裂纹。

再次,加工中工件表面材料还要经历加热和冷却,由于加热和冷却时间极短,升温和降温速度极快,会使材料受到额外的温度应力。在多种应力的综合作用下,可能使材料某点发生断裂。凡经历加热的钢质工件,由于表面温度升高,金属组织也会发生相变,如表面层产生回火或者过度回火,冷却时又会产生重新淬火现象。由于加热和冷却速度极快,因此仅能影响到较薄的表层,有时也会出现表层为淬火层而次表层为回火层的现象,结果使表面硬度降低或过分增高,甚至产生微观裂纹。

最后,如果切削速度过低,往往使加工表面产生硬化和残余压应力。已加工表面的硬度总是稍高于母体材料的硬度,这是因为材料经过第一次塑性变形后,当再次受到外力作用时会产生更高的抵抗塑性变形的能力。残余应力是指引起应力的外因消除后,仍然残留在工件内部的应力。由于不存在外力作用,所以工件内的残余应力必然相互平衡。按相互作用范围不同,残余应力可分为宏观应力和微观应力。微观应力是产生于晶体内部并相互平衡的应力,它对材料的物理性能有影响。宏观应力则是在较大范围内产生的相互平衡的应力,它会引起工件的翘曲、歪扭等变形。

精加工时,常以表面粗糙度、冷作硬化、残余应力等指标来衡量切削加工表面质量,其中关于表面粗糙度的研究成果最多。葛英飞等[38]研究了进给量、刀尖圆弧半径、增强颗粒含量及刀具材料对 SiC_p/Al 复合材料超精密车削表面质量的影响,结果表明刀尖圆弧半径越大、进给量越小,表面粗糙度越小;增强颗粒含量越高,表面粗糙度越大,工件表面的坑洞和微裂纹越多;PCD 刀具比直线刃 SCD 刀具加工出的表面有较多的颗粒拔出和破碎等缺陷。王洪祥等[39]采用回归分析法中的响应面法建立振幅预测模型,在保证一定加工效率前提下,通过软件实现了切削参数优化,限制了超精密加工中的自激振动,提高了工件表面质量。黄雪梅和王启义[40]以工件材料微观硬度差异为主要干扰因素,建立了车削动态物理仿真系统,针对具体零件的物理仿真过程给出了表面质量的预测结果。赵学智等[41]为提高表面质量,进行了导电加热切削试验,结果表明存在一个最佳的加热电流值可获得最佳加工表面质量,原因是通过加热电流的变化可保持最佳的切削温度。李红军[42]以切削加工表面质量的各影响因素和工件成形过程为基础,将二维表面质量拓展到三维状态,建立了由刀具振动引起切削加工残留面积高度变化导致的表面质量模型。曾其勇等[43]采用因果分析图分析了加工质量的影响因素,针对切削力和切削温度的影响,将薄膜热电偶技术引入切削温度测量中,提高了切削力和切削温度的检测效率。陈杰等[44]在W-Fe-Ni合金材料的超声车削加工中,发现进给量对表面粗糙度影响最为显著,振动参数也有较强影响,而背吃刀量、切削速度影响不明显;振动车削刀具冲击熨压消除了普通车削时零件加工表面的划痕,减轻了表面纵向沟壑,因此降低了表面粗糙度。燕金华[45]在镁合金切削试验中发现,外加的压力冷空气通过对流作用,可降低切削温度,从而降低工件表面粗糙度。但是当采用高速切削时,这种冷却方式效果却不甚理想,因此它仅适用于中、低速的镁合金切削加工。贺大兴等[46]提出多孔质轴承控制微振动的方法,试验表明该轴承可将运动部件的微振动控制在0.6 nm之内,从而使大尺寸无氧铜工件的金刚石切削表面粗糙度控制在1.3 nm之内。赵清亮等[47]从晶体结构各向异性出发,首先对各个滑移系、解理系优先产生解理、滑移给出了判据,揭示了单晶材料工件加工表面粗糙度呈扇形分布的原因,然后采用原子力显微镜对工件表面明暗区域微观形貌进行观察,观察结果证实了上述判据的正确性。栾晓明等[48]对7075-T6铝合金试件的普通切削和振动切削试验进行对比,发现由于超声振动切削反复的熨压效应,使刀具不断熨压已加工表面,从而减小已加工表面残留面积的高度,最终导致表面粗糙度的降低。

在加工硬化及残余应力研究方面,受到试验手段及条件等因素的限制,文献资料相对较少。全燕鸣等[49]从工件表面形貌、加工硬化和残余应力等方面研究复合材料的切削加工,发现增强体特征、分布及刀具是影响工件表面形貌的主要因素。对于长纤维增强的复合材料,加工表面既有突出的纤维也有因失去纤维而留下的凹槽和孔洞,缺陷类型和分布与加工方向密切相关;对短纤维或晶须增强的复合材料,加工中更多增强体被拔出;对于颗粒增强复合材料,加工表面存在凹坑、碎颗粒、犁沟、基体涂抹等多种缺陷,增强颗粒大小对复合材料表面形貌影响显著。石文天等[50]在PCD刀具微细车削硬铝合金中发现,当切削速度增加时,切削区在短时间内会产生大量热量,同时由于切削热向切屑和刀具内部传递需要一定时间而不易散发,大量聚集在切屑底部,导致加工表面硬化,而且进给量增加也会使硬化层深度增加。黄辉等[51]用金刚石刀具对铝铜合金进行镜面切削试验,通过研究材料状况、加工条件与加工质量间的关系,发现工件状态是影响表面特性的重要因素,在镜面切削前,施加稳定化处理,有利于提高工件表面质量;金刚石刀具背吃刀量越大,表面残余应力越大;镜面加工以后,工件材料表面的晶体间产生了滑移带,且产生了表面压应力,使表面显微硬度增加。周明等[52]通过单晶铜的直角自由切削,研究了工件材料的晶体取向对剪切角和已加工表面质量的影响,结果表明即使同一种材料的加工中,剪切角也并非常数,而是随晶体取向发生变化。由于切削力是剪切角的函数,因此剪切角的任何变化都将导致切削力变化,从而使工件表面质量随晶体切削方向发生变化。张洪霞[53]以单因素切削加工试验为基础,进行表面加工硬化、残余应力研究,试验结果表明随着进给量和切削速度增加,越往材料里层硬度越低,最后直至基体硬度。切削300M钢时切削速度和进给量对表面形貌影响不大,未发现晶粒扭曲现象。当切削用量增加时,在工件材料表层,切削速度的周向、径向应力和进给量的径向应力都是由较小的压应力转化成拉应力的,且拉应力逐渐增大。在次表层,进给量和背吃刀量的周向与径向残余应力作用深度差异较大。

1.2.4 切削参数优化

切削参数优化是切削物理仿真系统的主要目标之一,通过加工参数的优化,达到提高切削加工效率、降低加工成本和提高加工质量的目的。为此很多学者在切削参数优化方面进行了卓有成效的研究工作。Choudhury等[54]以最大刀具寿命为目标进行切削参数优化,通过选用最佳的切削速度和进给量来提高刀具使用寿命。刀具使用寿命方程通过实验数据和约束磨损模型来建立,通过保持恒定的金属去除率达到延长刀具寿命的目的。Kopac等[55]则通过优化切削参数,获得指定的表面粗糙度,优化效果在低碳钢加工过程中得到验证。Zuperl等[56]提出用神经网络的方法实现切削参数的多目标优化。此方法用于加工过程中切削用量的快速确定,具有处理速度快、占用内存低、自学能力强和实时性好的优点。Arezoo等[57]利用知识库和优化模型,开发了用于切削刀具和切削用量选择的专家系统,系统根据加工工件的材料、加工工艺、机床型号,推荐合理的切削用量。Cus等[58]提出了基于遗传算法的切削参数优化选择方法。实验表明,基于遗传算法的切削参数优化是一种有效的方法,具有高效性,可以集成在制造系统中用于解决复杂的加工优化问题。Mursec等[59]根据机床、工件以及不同刀具制造商提供的数据库信息,开发了集成切削参数优化选择模块。

国内学者在切削参数优化方面也展开了广泛的研究。哈尔滨理工大学姜彬等[60]通过研究数控车削加工刀具切削运动轨迹及切削参数特点,实现对切削力和切削功率的预报,并建立了数控车削用量优化的切削力约束条件数学模型。哈尔滨工业大学王洪祥等[39]通过合理选择切削参数,控制振动对超精密加工表面质量的影响,并将该研究成果应用于铝合金的超精密加工中,使加工工件的表面粗糙度大大降低。台湾地区学者Lee等[61]构建了基于多项式网络的加工模型,该模型利用自适应建模技术自组织地建立切削参数与加工性能之间的关系,并以最大材料去除率和最小加工成本为优化目标,对多工序车削加工过程的切削参数进行优化。天津大学汪文津等[62]通过建立数控铣削用量多目标决策优化的数学模型，应用遗传算法进行优化，并在数控加工动态仿真系统上验证了该方法的正确性和实用性。

1.2.5　在线监测与误差补偿技术

一般认为，提高机械加工精度主要有两条途径：一是提高机床本身精度；二是采用误差补偿技术。前一种为误差的预防，即提高机床结构的设计精度和优化机床的结构配置，以减小误差源；后一种则是在现存固有误差的基础上，通过分析、计算并建立适当的误差数学模型，对加工过程中的误差进行监测和预报，并通过数控系统或其他装置加以补偿。图 1.7 所示为误差监测与补偿流程图。随着科学技术的高速发展，工程上对工件尺寸精度提出了更高的要求，单靠提高机床本身精度来提高加工精度，其难度越来越大，而且总是有一定限度的。因此，误差补偿技术的应用也越来越重要，在保证相当高加工精度的基础上，再采用误差补偿技术将会显著提高工件的加工精度。

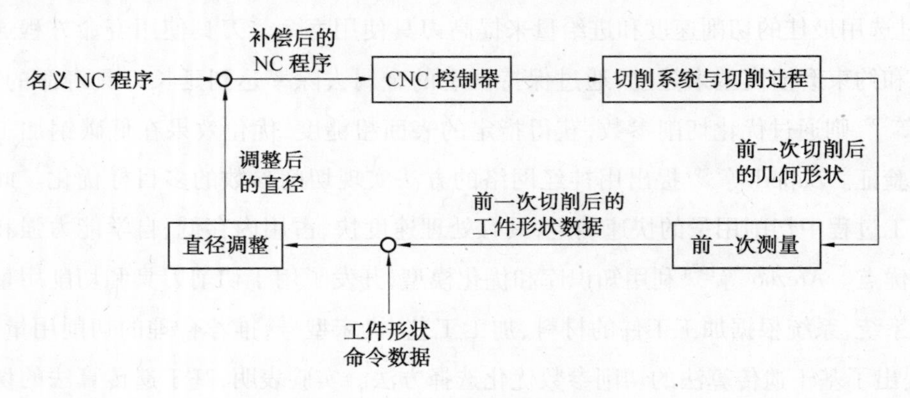

图 1.7　误差监测与补偿流程图

加工误差的补偿可分为硬件误差补偿和软件误差补偿两种。传统误差补偿技术多采用硬件措施，但低成本计算机和高精度传感器的出现，使得软件误差补偿受到越来越多的关注。数控技术与计算机技术的发展使得误差补偿可采用软件形式来进行，软件补偿可使补偿值随加工条件的改变及时变化，而不需在机床上增加硬件设施，故软件补偿既经济又方便可靠，而且具有柔性。这种方法是通过误差分离得到加工误差后，找出加工误差与补偿点的补偿量间的关系，并建立相应的数学模型，然后对所建立的数学模型进行运算，发出运动指令，进而由数控系统完成误差补偿。在几何误差和热误差的软件补偿方面已有大量研究[63-68]。文献[69]分析了车削加工中由切削力引起的工件弯曲变形，在此基础上计算出实际需要的切削用量，并采用如图 1.8 所示的软件误差补偿系统来减小切削力引起的尺寸误差。

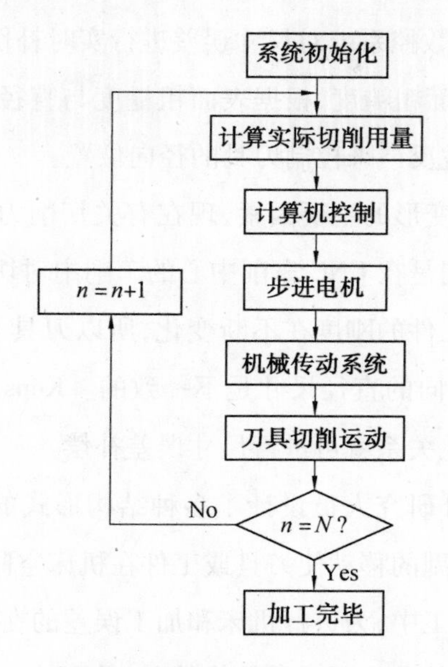

图1.8　软件误差补偿系统[69]

准确掌握各项误差源的特点是有效进行误差补偿的关键[70]。影响加工精度的主要误差源包括:机床的几何误差、加工工艺系统的受力变形、受热变形以及刀具磨损等。20世纪60年代,由于缺乏适当的传感器,尺寸还不能在线测量,所以研究人员只能用几何-热误差模型来校正机床误差。之后有许多研究工作专门论述了几何-热误差模型的建立方法。几何-热误差模型一般基于机床误差的离线特征,通常分为两组:第一组方程将20多种几何误差与机床理想位置及温度场联系起来;第二组方程则将这些几何误差分量沿轴向综合成3~5种可校正的误差。这些方程的系数可由多种方法求得,比如统计学法、神经网络法及模糊逻辑法。首先采用热电偶测出机床上关键点的温度,再将第一组方程代入第二组,这样便可求得对机床误差进行实时补偿所需的数据。

文献中已有多种几何误差的测量方法。NI等[71]研制了一种多自由度激光光学系统,利用它可同时测量线误差和角误差。如果建立起基于一定数量热电偶的误差模型,误差补偿方案就可得到实施。文献中也有多种校正技术,包括加热冷却法[72]、软件在线校正法[73]及坐标系校正法[74,75]。但是离线测量的本性决定了它具有一定的局限性,由于误差值并非是在实际切削过程中测得的,因此无法考虑切削力导致的静态和动态变形量。而且由于试验条件的不断变化,加之机床状况也随磨损量变化,因此这些模型无法准确描述复杂的力学系统。

随着传感器技术的发展,一些学者通过直接测量尺寸来进行几何自适应控制。美国佛罗里达州立大学的FAN等[76]使用激光传感器对车削加工中的尺寸误差进行在线测量,并利用基于 PC 的开放式数控系统对尺寸误差进行实时补偿控制。Shiraishi 和 Sato[77] 采用光学设备测量工件的表面粗糙度,根据表面粗糙度与直径的数学关系间接地对工件直径进行监控,通过单位增益反馈来控制刀具的径向位置。

切削力是导致机床系统变形的主要因素,现在有关切削力控制的研究大多集中在自适应控制上,其最典型的应用是在 CNC 车削中心的车削中对切削力的控制。因为车削过程中,在长度方向上刀具与工件的刚度在不断变化,所以刀具与工件的变形量也会变化,使得加工后的工件沿长度方向的直径尺寸是不一致的。Kops 等[25,26] 给出了工件变形量与背吃刀量间的关系,根据此关系就可进行尺寸误差补偿。

为实施误差补偿,国内外研究人员设计了多种结构形式的误差补偿微进给刀架[78]。误差补偿的实质是通过运动副的移动使刀具或工件在机床空间误差的反方向产生相对运动以消除误差。在超精密加工中,为进行机床和加工误差的在线补偿,超精密机床必须有微位移机构。对微位移机构的基本要求是结构简单、体积小、驱动灵活、有足够大的位移和驱动力。高精度微量进给机构已成为超精密机床的一个重要而且关键的功能部件。现有微位移机构有多种结构形式,工作原理也各不相同,归纳起来有 6 种:机械传动或液压传动式、弹性变形式、热变形式、流体膜变形式、磁致伸缩式和压电陶瓷式。其中弹性变形式和压电陶瓷式适用范围较广,发展也较成熟。弹性变形式微位移机构的工作稳定、可靠,精度重复性也好,很适合手动操作。要实现自动微量进给和对微量进给装置有较好的动特性要求时,多采用压电陶瓷微量进给装置。

误差补偿在大多数情况下是通过改变背吃刀量(变化量等于误差值)来实现的,压电陶瓷式微位移机构可作为误差补偿的执行机构直接驱动刀具或工件。其性能不仅取决于装置本身,与它配合使用的驱动电源的输出特征,对执行机构的响应频率和位移精度也有影响,所以在使用中必须将驱动电源与补偿执行机构作为整个系统来考虑。图 1.9 所示为文献[79]的微位移机构。机构的位移量由传感器测量,测量信号一路送给计算机,另一路则与计算机发出的指令信号进行比较,经比较放大后再把信号加到压电陶瓷上,以实现精密定位和微量位移。

目前,误差监测与补偿技术已经成为数控加工中保证零件加工质量、提高生产效率的重要手段,并受到国内外学者的广泛关注[80-82]。加拿大拉瓦尔大学的 AZOUZI 和 GUILLOT[83] 采用人工神经网络方法对车削加工中的表面粗糙度和尺寸误差进行了在线预测。试验显示,该系统具有较好的预测精度,其表面粗糙度预测误差在 2% ~25% 之间,尺寸误差的预测误差在 2 ~20 μm 之间。同时,该研究认为,在使用神经网络模型进行表面粗

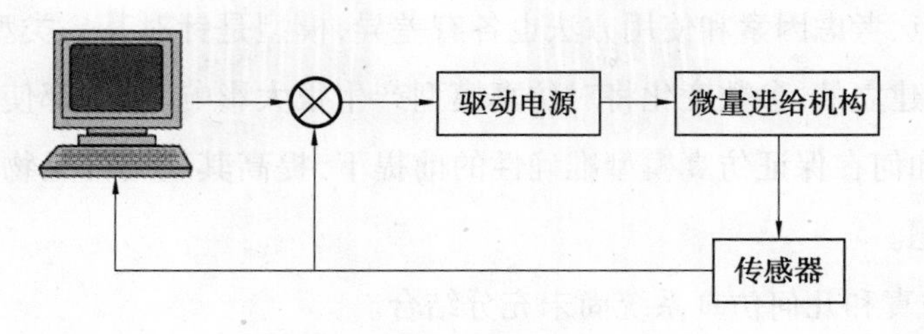

图 1.9　微位移机构[79]

糙度和尺寸误差在线预测时,最佳的输入参数组合是进给量、背吃刀量、进给力和背向力。印度理工学院的 RISBOOD 等[84]在实时测量背向力和刀具径向振动的基础上,采用人工神经网络技术建立了车削加工中尺寸误差的预测模型。但该模型的预测精度较低,尺寸误差的最大预测误差为 51.4 μm。该研究所针对的工件直径范围为 25 ~ 32 mm,长径比处于 12 ~ 16 之间。印度 GE 研究中心的 SUNEEL 和 PANDE[85]使用人工神经网络建立了尺寸误差和成形精度预测模型,并基于预测结果对 CNC 数控代码进行修正,以显著提高工件的尺寸精度。韩国汉城产业大学学者 JEONG 等[86]使用多个位移传感器对车削过程中的工件圆度误差进行在线监测。土耳其开塞利大学的 TOPAL 和 COGUN[87]研究了复杂形状工件车削过程中切削力与尺寸误差间的解析关系,并通过修正数控代码对尺寸误差进行补偿控制。中国香港特区城市大学的 LI[88]建立了基于径向基函数神经网络的车削加工尺寸误差在线监测系统,分别对由机床几何误差、工艺系统热变形、工艺系统受力变形所引起的尺寸误差进行实时预测。

1.3　车削加工物理仿真技术的发展趋势与展望

近年来车削加工物理仿真技术获得了很大的成就,众多学者在该领域的许多方面进行了大量的研究,取得了一定的进展,但由于加工物理仿真涉及的技术面广和自身的复杂性,目前仍存在以下几个方面的问题。

(1)物理仿真模型难以建立。

由于加工方式的多样性、加工过程的高度非线性及随机干扰严重且不确定,造成现有车削物理仿真模型的实用性和准确性都难以满足实际加工的需要。在建模时如何处理相应影响参数和干扰因素,使物理仿真加工能准确地反映切削实际情况,是物理仿真有待解决的关键问题,这方面的理论研究还有待进一步深入与加强。

(2)物理仿真模型的通用性差。

由于加工过程的复杂性,目前的物理仿真研究通常只适用于某一特定的具体条件,建立模型的切入点、考虑因素和使用方法也各有差异，模型是针对某一类型机床、刀具及工件尺寸、材料而建立的，参数变化将对仿真模型产生很大影响，这些都使模型应用范围受到很大限制。如何在保证仿真模型准确性的前提下，提高其通用性是物理仿真有待解决的又一关键问题。

(3)物理仿真和几何仿真系统尚未充分结合。

完整的虚拟加工过程仿真系统是由几何仿真和物理仿真有机结合而构成的，但目前几何仿真与物理仿真的研究几乎是并行进行的，相互支撑与集成不够。在物理仿真过程中，需要从几何仿真中获取大量的几何信息，若不能随时获得准确的几何信息，则很难达到满意的物理仿真结果。因此，物理仿真和几何仿真系统之间的数据信息传递与无缝集成是未来切削加工物理仿真研究的重要方向。

目前针对车削加工物理仿真的研究仍处于探索阶段，虽然在某些研究方向或某些单元技术方面已经进行了较深入的研究，但主要是针对物理仿真中的部分影响因素及内容进行研究。如何妥善解决上述存在的难点问题，建立准确性高、通用性强的车削加工物理仿真模型，并与车削加工几何仿真系统紧密结合，构成实用性较强的完整的虚拟车削加工仿真系统，仍是今后努力的主要方向。

第2章　车削加工过程的振动分析

2.1　引　　言

车削加工中工件的振动是影响加工精度的主要因素之一,如果能够在已知切削条件的前提下,通过建模仿真的方法求出工件在切削力作用下的振动,那么所求结果将会为抑制振动提供理论依据。为此,本章应用梁的振动理论对工件振动进行建模。

直梁是重要的结构元件。所谓直梁是指其横剖面尺寸远小于纵长尺寸的细长平直弹性体,它由于承受垂直于中心线的横向载荷的作用而发生弯曲变形。直梁的理论基础是平剖面假设,即所有变形前垂直于梁中心线的横剖面在梁发生弯曲变形后仍为平面且外廓形状不变,而且始终垂直于梁变形后的中心线,因此不存在横向剪切变形。这个假设已经被大量的工程实践所验证,这种梁理论称为工程梁理论。

原则上讲,任何一个机械零件和结构元件,它的质量和刚度都是连续分布的。如果按这样的实际情况来建立模型,就需要无限多个坐标来描述其运动,因此这是无限多自由度系统,即连续系统(也称分布参数系统或弹性体)。用来描述这种系统的是偏微分方程。到目前为止,能得到闭合解的偏微分方程类型不多,因此能作为连续系统求闭合解的例子也很少。正因如此,往往把实际的工程系统简化成有限个自由度系统。尤其是在计算机广泛普及的情况下,用离散系统取代连续系统可以得到很高的精度。

但对于工程实际中的一些问题,确实具有典型的分布质量和分布弹性的特性,而且由于这类问题性质单纯,都已经找到了精确解,因此在这种情况下,应用连续系统模型进行求解还是有一定优势的。轴的弯曲振动就属于此类问题,所以对工件在车削加工中的弯曲振动问题可采用连续系统建模法求解。另外,诸如梁、杆、绳、弦等连续系统,可以经过简化,用离散质量和刚度等参量来建立模型,作为多自由度系统处理。但在有些场合下,这种模型的精度是不够的。而且,在实际系统的模型中,有时质量和弹性也不容易离散化。这时就不得不把质量和弹性作为分布质量来考虑。在分析具有分布质量和弹性的系统时,必须假定材料是均匀的、各向同性的,并服从于胡克定律。通常情况下自由振动是主振型的总和。然而,假如运动开始时物体的弹性曲线刚好与主振型中之一重合,然后释放,则只能激励起所重合的主振型。对于大多数连续系统来说,由于高频振型快速衰减的缘故，常常是基本振型起主导作用。

2.2　横向振动微分方程的建立

车削加工中，当工件长径比较大时，适合用梁的振动理论建立力学模型。如图 2.1(a)所示，在横向振动力学模型的坐标系中，假设工件在单位长度上所受的外力为 $p(z,t)$，从工件的任意截面 z 取出一小段 $\mathrm{d}z$，其受力如图 2.1(b)所示，该段的质量为 $\rho A\mathrm{d}z$，x 方向振动的加速度为 $\frac{\partial^2 x}{\partial t^2}$，所受外力为 $p(z,t)$，工件横截面的弯矩为 M，两侧剪切力之差为 $\frac{\partial V}{\partial z}\mathrm{d}z$。根据牛顿第二定律可得该段的运动方程为

$$\rho A\mathrm{d}z\,\frac{\partial^2 x}{\partial t^2}=\frac{\partial V}{\partial z}\mathrm{d}z+p(z,t)\,\mathrm{d}z \tag{2.1}$$

式中　ρ——工件的材料密度；

A——工件横截面面积；

t——时间；

V——工件横截面的剪切力；

$p(z,t)$——工件单位长度所受外力。

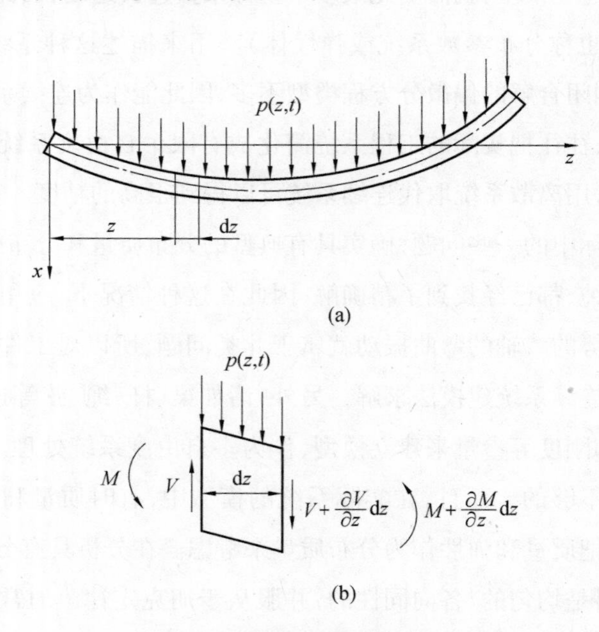

图 2.1　横向振动力学模型

消去 dz 得

$$\rho A\frac{\partial^2 x}{\partial t^2}-\frac{\partial V}{\partial z}=p(z,t) \tag{2.2}$$

由材料力学知，若不考虑质量转动的惯性影响并遵循平面假设，则

$$V=\frac{\partial M}{\partial z} \tag{2.3}$$

$$M=-EI\frac{\partial^2 x}{\partial z^2} \tag{2.4}$$

式中　E——工件材料的弹性模量；

I——工件的横截面惯性矩。

将式(2.4)代入式(2.3)，并对 z 求导可得

$$\frac{\partial V}{\partial z}=-\frac{\partial^2}{\partial z^2}\left(EI\frac{\partial^2 x}{\partial z^2}\right) \tag{2.5}$$

将式(2.5)代入式(2.2)得

$$\frac{\partial^2}{\partial z^2}\left(EI\frac{\partial^2 x}{\partial z^2}\right)+\rho A\frac{\partial^2 x}{\partial t^2}=p(z,t) \tag{2.6}$$

式(2.6)就是工件横向振动的微分方程。此处 EI 为常数，故式(2.6)可变为

$$EI\frac{\partial^4 x}{\partial z^4}+\rho A\frac{\partial^2 x}{\partial t^2}=p(z,t) \tag{2.7}$$

若求工件横向振动的固有频率和正则振型，首先需考虑其自由振动的情形，即不受外力时的振动情况。如令 $p(z,t)=0$，则自由振动微分方程为

$$EI\frac{\partial^4 x}{\partial z^4}+\rho A\frac{\partial^2 x}{\partial t^2}=0 \tag{2.8}$$

为表达简便，可令 $a^2=\dfrac{EI}{\rho A}$，则有

$$a^2\frac{\partial^4 x}{\partial z^4}+\frac{\partial^2 x}{\partial t^2}=0 \tag{2.9}$$

2.3　固有频率与正则振型的求解

工件在外界干扰消失后仍在其静力平衡位置附近继续振动，这样的振动称为自由振动，自由振动的频率称固有频率(或自振频率)。一般说来，固有频率的个数与结构的动力自由度数目相等。固有频率按从小到大的顺序排列成频谱，不同的类型结构，其频谱具有稀疏型或密集型等不同的特点。频谱的最小频率称为结构的基本频率，简称基频。

当工件系统按频谱中的某一固有频率做自由振动时,各质点的位移相互间比值不随时间变化,任何时刻都保持特定的位移形状的振动模式称为结构的主振型,简称振型。与基频对应的振型称为结构的基本振型。对于线性系统(线弹性),结构的位移响应可用结构振型的线性组合来表示。

由于振动过程存在能量耗散,实际结构的自由振动总是衰减的,直到最后恢复静止的平衡。能量的耗散作用称阻尼,产生阻尼的因素很多,也很复杂,如结构的内摩擦、各构件连接处的摩擦以及周围介质的阻力等。阻尼的作用机理尚不清楚,目前通常采用的等效黏滞阻尼理论只是一种假设,即作用于质量的阻尼力与质量的运动速度成正比,但方向相反。

2.3.1　表达式的确定

式(2.9)是4阶偏微分方程,可以用分离变量法求解。设方程的解为两个函数的乘积,有

$$x(z,t)=\varphi(z)q(t) \tag{2.10}$$

把式(2.10)的2、4阶偏导数代入式(2.9)得

$$a^2 q(t)\frac{\mathrm{d}^4\varphi}{\mathrm{d}z^4}+\varphi(z)\frac{\mathrm{d}^2 q}{\mathrm{d}t^2}=0 \tag{2.11}$$

分离变量后变为

$$a^2\frac{\mathrm{d}^4\varphi}{\mathrm{d}z^4}\frac{1}{\varphi(z)}=-\frac{\mathrm{d}^2 q}{\mathrm{d}t^2}\frac{1}{q(t)} \tag{2.12}$$

式(2.12)两边均为常数,令它等于ω^2,则从式(2.12)可得两个常微分方程

$$\frac{\mathrm{d}^2 q}{\mathrm{d}t^2}+\omega^2 q=0 \tag{2.13}$$

$$\frac{\mathrm{d}^4\varphi}{\mathrm{d}z^4}-\frac{\omega^2}{a^2}\varphi=0 \tag{2.14}$$

式(2.13)的解为时间的谐函数,其解为

$$q(t)=C_1\sin\omega_{\mathrm{n}}t+C_2\cos\omega_{\mathrm{n}}t \tag{2.15}$$

式(2.14)是4阶常微分方程,其解为

$$\varphi(z)=C_3\mathrm{ch}\,\beta z+C_4\mathrm{sh}\,\beta z+C_5\cos\beta z+C_6\sin\beta z \tag{2.16}$$

其中

$$\beta^4=\frac{\omega^2\rho A}{EI} \tag{2.17}$$

由式(2.16)可得工件的固有频率为

$$\omega=\beta^2\sqrt{\frac{EI}{\rho A}} \tag{2.18}$$

根据式(2.14),对任意两个振型 i 和 j 有

$$\frac{\mathrm{d}^4\varphi_i}{\mathrm{d}z^4}=\omega_i^2\frac{\rho A}{EI}\varphi_i \tag{2.19}$$

$$\frac{\mathrm{d}^4\varphi_j}{\mathrm{d}z^4}=\omega_j^2\frac{\rho A}{EI}\varphi_j \tag{2.20}$$

将式(2.19)乘以 φ_j,式(2.20)乘以 φ_i 后相减,再对工件的全长进行积分可得

$$(\omega_i^2-\omega_j^2)\frac{\rho A}{EI}\int_0^l\varphi_i\varphi_j\mathrm{d}z=\int_0^l\left[\varphi_j\frac{\mathrm{d}^4\varphi_i}{\mathrm{d}z^4}-\varphi_i\frac{\mathrm{d}^4\varphi_j}{\mathrm{d}z^4}\right]\mathrm{d}z \tag{2.21}$$

经整理,式(2.21)右边为

$$\int_0^l\left[\varphi_j\frac{\mathrm{d}^4\varphi_i}{\mathrm{d}z^4}-\varphi_i\frac{\mathrm{d}^4\varphi_j}{\mathrm{d}z^4}\right]\mathrm{d}z=\varphi_j\frac{\mathrm{d}^3\varphi_i}{\mathrm{d}z^3}\bigg|_0^l-\varphi_i\frac{\mathrm{d}^3\varphi_j}{\mathrm{d}z^3}\bigg|_0^l-\frac{\mathrm{d}\varphi_j}{\mathrm{d}z}\frac{\mathrm{d}^2\varphi_i}{\mathrm{d}z^2}\bigg|_0^l+\frac{\mathrm{d}\varphi_i}{\mathrm{d}z}\frac{\mathrm{d}^2\varphi_j}{\mathrm{d}z^2}\bigg|_0^l \tag{2.22}$$

对于固定端、铰支端及自由端,式(2.22)右边的各项均等于0,即无论对于卡盘夹持,还是顶尖支承或者自由端,式(2.22)右边各项均等于0。因此,结合式(2.21)和式(2.22)可得

$$\int_0^l\varphi_i\varphi_j\mathrm{d}z=0,\ i\neq j \tag{2.23}$$

$$\rho A\int_0^l\varphi_i^2\mathrm{d}z=M_i(\text{常数}),i=j \tag{2.24}$$

式中　M_i—— 主质量。

为了便于求解工件的响应,令 $M_i=1$,此时式(2.24)就变成了工件振型的正则化方程,即

$$\rho A\int_0^l\varphi_i^2(z)\mathrm{d}z=1 \tag{2.25}$$

2.3.2　表达式中常数的确定

振型函数表达式中含5个未知常数 C_3,C_4,C_5,C_6 和 β,它们除与工件长度及振型正则化方程有关外,还与其装夹方式有关。一般来说,工件装夹有:卡盘-顶尖装夹和双顶尖装夹两种方式。下面就按常见的两种装夹方式分别讨论。

1. 卡盘-顶尖装夹

卡盘-顶尖装夹及其力学模型如图 2.2 所示,在卡盘一端,工件的挠度和转角均为 0,而在顶尖一端其挠度和弯矩也均为 0。由材料力学知,这种装夹方式的约束条件表现为

$$\varphi(0)=0,\quad \left.\frac{\mathrm{d}\varphi}{\mathrm{d}z}\right|_{z=0}=0,\quad \varphi(l)=0,\quad \left.\frac{\mathrm{d}^2\varphi}{\mathrm{d}z^2}\right|_{z=l}=0 \tag{2.26}$$

将式(2.16)代入式(2.26)可得

$$\begin{cases} C_3+C_5=0 \\ C_4+C_6=0 \\ C_3\operatorname{ch}\beta l+C_4\operatorname{sh}\beta l+C_5\cos\beta l+C_6\sin\beta l=0 \\ C_3\operatorname{ch}\beta l+C_4\operatorname{sh}\beta l-C_5\cos\beta l-C_6\sin\beta l=0 \end{cases} \tag{2.27}$$

解方程组(2.27)得

$$\begin{vmatrix} \operatorname{ch}\beta l & \cos\beta l \\ \operatorname{sh}\beta l & \sin\beta l \end{vmatrix}=0 \tag{2.28}$$

$$\begin{pmatrix} C_3 \\ C_4 \\ C_5 \\ C_6 \end{pmatrix}=C_3\begin{pmatrix} 1 \\ -\cot\beta l \\ -1 \\ \cot\beta l \end{pmatrix} \tag{2.29}$$

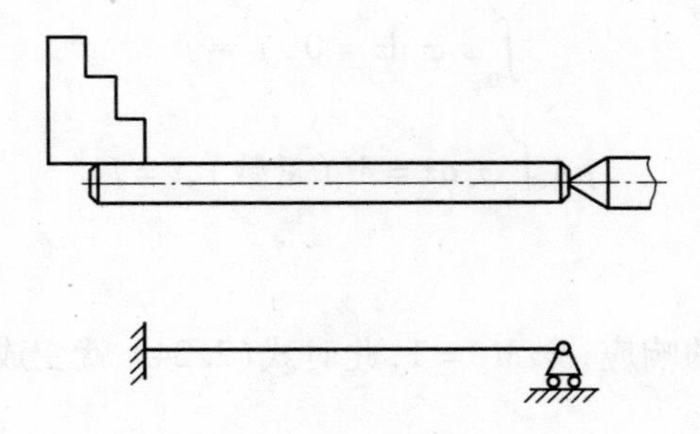

图 2.2　卡盘-顶尖装夹及其力学模型

要求解固有频率和正则振型,首先必须求解方程(2.28)的解,确切地说应该是对应于工件低阶模态的解。因为工件是连续系统,应该有无穷多阶模态,但在实际计算中考虑所有阶的模态是不可能的,也不必要,因为往往只有前几阶模态对工件的响应贡献较大,较高阶模态不易被激起,因此贡献较小。式(2.28)为一非线性方程,由于非线性方程表达式的多样性,一般采用数值法进行求解。首先确定解所在的区间,然后缩小区间使解精确化。对于本研究的实际问题,仅考虑工件前 6 阶模态对响应的贡献,因此首先须依次确

定方程(2.28)最小的6个正数解所在的区间,然后采用一定的数值方法缩小这些区间使其满足精度要求。实际求解过程中的关键在于不能漏掉前6个正数解中的任何一个。

非线性科学是当今科学发展的一个重要研究方向,而非线性方程的求解也成了不可缺少的内容。但是,通常非线性方程解的情况非常复杂。求解非线性方程常用的方法有二分法、简单迭代法、牛顿法和弦截法等,这些方法各有优缺点,分别适用于不同情况。这里采用简单迭代法求解工件的固有频率。

简单迭代法就是用某种渐近(极限)过程去逐步逼近真解,从而求出非线性方程 $f(x)=0$ 具有指定精确度近似解的方法。为了求出非线性方程 $f(x)=0$ 的解,首先,将方程化为等价方程 $x=g(x)$;然后,从给定数 x_0 出发,代入函数 $g(x)$,逐步由迭代格式 $x_{n+1}=g(x_n)$ $(n=1,2,3,\cdots)$,产生迭代序列 x_n。如果迭代序列 x_n 有极限 x^*,则当 $g(x)$ 连续时,对上式两边取极限可得 $x^*=g(x^*)$。由等价关系知:$f(x^*)=0$,于是就求得了非线性方程的近似解 x_{n+1}。数 x_0 称为解的初始近似,x_n 称为解的第 n 次近似,$g(x)$ 称为迭代函数,$x_{n+1}=g(x_n)$ 称为迭代格式。在用迭代法求非线性方程 $f(x)=0$ 的近似解时,迭代函数的选取很关键,它涉及迭代序列是否收敛。另外,迭代过程也不能无限次地进行下去,需要考虑何时结束迭代的问题。因此,迭代法需要解决两个基本问题。

(1) 如何选择初始近似值 x_0 和迭代函数 $g(x)$,才能保证按迭代公式 $x_{n+1}=g(x_n)$ 求出的迭代序列是收敛的。

(2) 当迭代序列 x_n 收敛时,用计算机计算结束迭代过程的条件。

当迭代序列 x_n 收敛时,如何决定迭代过程结束,这是采用迭代法在计算机上求解非线性方程的一个重要问题。通常是以迭代过程中相邻两项之差的绝对值是否小于给定的允许精度来确定,即以关系式 $|x_{n+1}-x_n|\leqslant\varepsilon$($\varepsilon$ 为最大允许误差)是否满足来决定迭代过程是否结束。

如图2.3所示给出了简单迭代法的基本思想。即由方程 $f(x)=0$ 变换为 $x=g(x)$,然后建立迭代格式 $x_{n+1}=g(x_n)$。具体步骤如下:

(1)给出方程的局部等价形式 $f(x)=0\Leftrightarrow x=g(x)$。

(2)选取合适的初值 x_0,产生迭代序列 $x_{n+1}=g(x_n)$。

(3)求极限 $x^*=\lim\limits_{n\to\infty}x_n$,易知,该值为方程的解。

值得注意的是,如图2.3(a)所示的 x_n 能够收敛于方程的解 x^*,但图2.3(b)的 x_n 却随着 n 的增加逐渐远离 x^*。这是因为这种方法的收敛需要满足如下条件:

(1) $a\leqslant g(x)\leqslant b, x\in[a,b]$。

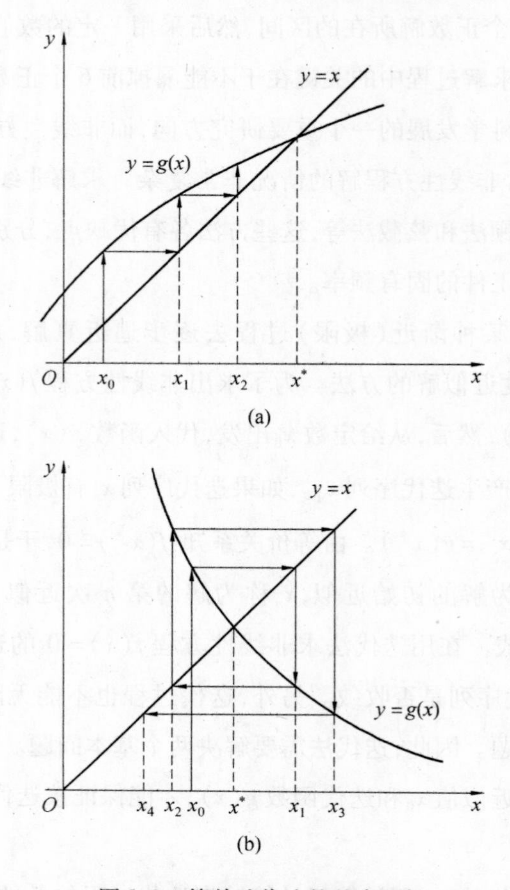

图 2.3　简单迭代法的基本思想

(2) $g(x)$ 可导，且存在正数 $L<1$，使得对任意的 x，有 $|g'(x)|\leqslant L$。

在求解工件的固有频率和正则振型过程中，对于采用卡盘–顶尖的装夹方式，关键是确定非线性方程(2.28)解的分布范围与规律。一方面，要使解的搜索范围足够小，另一方面，更不能漏掉任何一个所需要的解。

可以证明，对于任意一个 $k(k\in Z)$，$\beta l=\dfrac{\pi}{2}+k\pi$ 都不是方程(2.28)的解，因此该方程与 $\mathrm{th}(\beta l)-\tan(\beta l)=0$ 同解。基于这个特征，可以根据双曲正切函数和正切函数的特点确定 $\mathrm{th}(\beta l)-\tan(\beta l)=0$ 的解的分布规律。首先，正切函数和双曲正切函数均为奇函数，因此该方程解的分布对坐标原点为对称，从而只需讨论 $\beta l\geqslant 0$ 的情况即可。

(1) 当 $\beta l=0$ 时，可以验证该点是方程的解，因为工件长度 $l>0$，所以 $\beta=0$，将此条件代入式(2.27)后会使得工件的频率为 0，这是没有实际意义的。

(2) 当 $\beta l\in(0,\dfrac{\pi}{2})$ 时，有 $\mathrm{th}(\beta l)-\tan(\beta l)<0$ 成立，故原方程在该区间内无解。证明如

下：

因为

$$(\text{th}(\beta l)-\tan(\beta l))'=\frac{1}{\text{ch}^2(\beta l)}-\frac{1}{\cos^2(\beta l)}$$

又因为当 $\beta l\in(0,\frac{\pi}{2})$ 时

$$\frac{1}{\text{ch}^2(\beta l)}<1$$

而

$$\frac{1}{\cos^2(\beta l)}>1$$

所以

$$(\text{th}(\beta l)-\tan(\beta l))'<0$$

又因为 $\text{th}(0)-\tan(0)=0$，当 $\beta l\in(0,\frac{\pi}{2})$ 时，有 $\text{th}(\beta l)-\tan(\beta l)<0$ 成立。

所以原方程在区间 $(0,\frac{\pi}{2})$ 内无解。

(3) 当 $\beta l\in\left(\frac{\pi}{2},\pi\right]$ 时，有 $\text{th}(\beta l)>0$ 成立，且 $\tan(\beta l)\leqslant 0$。

因为 $\text{th}(\beta l)-\tan(\beta l)>0$，从而可知原方程在该区间无解。

(4) 当 $\beta l\in\left(i\pi,\frac{\pi}{4}+i\pi\right)$（其中 $i\in N$）时，方程 $\text{th}(\beta l)-\tan(\beta l)=0$ 有且仅有一个解。证明如下：

因为 $\text{th}(i\pi)>0$，且

$$\tan(i\pi)=0$$

所以

$$\text{th}(i\pi)-\tan(i\pi)>0$$

又因为 $\text{th}(\frac{\pi}{4}+i\pi)<1$，且

$$\tan(\frac{\pi}{4}+i\pi)=1$$

所以

$$\text{th}(\frac{\pi}{4}+i\pi)-\tan(\frac{\pi}{4}+i\pi)<0$$

所以

$$[\mathrm{th}(i\pi)-\tan(i\pi)]\left[\mathrm{th}\left(\frac{\pi}{4}+i\pi\right)-\tan\left(\frac{\pi}{4}+i\pi\right)\right]<0$$

根据零点定理可知，方程 $\mathrm{th}(\beta l)-\tan(\beta l)=0$ 在区间$\left(i\pi,\frac{\pi}{4}+i\pi\right)$内至少有一个解。

因为当$\beta l\in\left(i\pi,\frac{\pi}{4}+i\pi\right)$（其中 $i\in N$）时

$$\frac{1}{\mathrm{ch}^2(\beta l)}<1$$

而

$$\frac{1}{\cos^2(\beta l)}>1$$

所以

$$(\mathrm{th}(\beta l)-\tan(\beta l))'=\frac{1}{\mathrm{ch}^2(\beta l)}-\frac{1}{\cos^2(\beta l)}<0$$

所以方程 $\mathrm{th}(\beta l)-\tan(\beta l)=0$ 在区间$(i\pi,\frac{\pi}{4}+i\pi)$内至多有一个解。

由以上分析可知方程 $\mathrm{th}(\beta l)-\tan(\beta l)=0$ 在区间$(i\pi,\frac{\pi}{4}+i\pi)$内有且仅有一个解。

（5）当$\beta l\in\left[\frac{\pi}{4}+i\pi,\frac{\pi}{2}+i\pi\right)$时，由情形（4）可知

$$\mathrm{th}\left(\frac{\pi}{4}+i\pi\right)-\tan\left(\frac{\pi}{4}+i\pi\right)<0$$

因为当$\beta l\in\left[\frac{\pi}{4}+i\pi,\frac{\pi}{2}+i\pi\right)$时

$$\frac{1}{\mathrm{ch}^2(\beta l)}<1$$

而

$$\frac{1}{\cos^2(\beta l)}>1$$

所以

$$(\mathrm{th}(\beta l)-\tan(\beta l))'=\frac{1}{\mathrm{ch}^2(\beta l)}-\frac{1}{\cos^2(\beta l)}<0$$

有$(\mathrm{th}(\beta l)-\tan(\beta l))'<0$ 成立。

所以在此区间内，有 $\mathrm{th}(\beta l)-\tan(\beta l)<0$ 成立，从而原方程无解。

（6）当$\beta l\in\left(\frac{\pi}{2}+i\pi,(i+1)\pi\right]$时

$$\mathrm{th}(\beta l)>0$$

且

$$\tan(\beta l)\leqslant 0$$

其中,i为工件固有频率和振型的阶次。

所以 $\mathrm{th}(\beta l)-\tan(\beta l)>0$,从而可知原方程在该区间无解。

综上所述,方程(2.28)的正实数解仅分布在区间$\left(i\pi,\frac{\pi}{4}+i\pi\right)$(其中 $i\in N$)内,其余区域无正实数解。并且对于任意一个 i,在区间$\left(i\pi,\frac{\pi}{4}+i\pi\right)$内方程有且仅有一个正的实数解。

图2.4表示方程(2.28)解的分布情况。

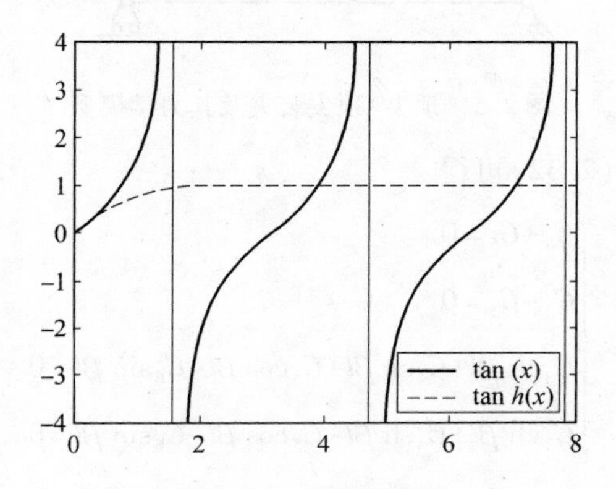

图2.4 方程(2.28)解的分布情况

求出工件固有频率后,便可利用正则化方程求其正则振型。将式(2.29)代入式(2.16)得

$$\varphi(z)=C_3(\mathrm{ch}\,\beta z-\cot\beta l\mathrm{sh}\,\beta z-\cos\beta z+\cot\beta l\sin\beta z) \tag{2.30}$$

再将式(2.30)代入式(2.25)并整理得

$$C_3=\frac{1}{\sqrt{\rho A\int_0^l(\mathrm{ch}\,\beta z-\cot\beta l\mathrm{sh}\,\beta z-\cos\beta z+\cot\beta l\sin\beta z)^2\mathrm{d}z}} \tag{2.31}$$

这样,便可确定固有频率及正则振型中的所有参数。此处的工件为45钢,其长度 $l=$ 1 000 mm,直径 $d=40$ mm,抗拉强度 $\sigma_b=598$ MPa,弹性模量 $E=207$ GPa,密度 $\rho=$ 7 800 kg/m^3。由此求得的固有频率见表2.1。

表2.1 45钢工件的固有频率

	1	2	3	4	5	6
βl	3.93	7.07	10.21	13.35	16.49	19.63
$\omega/(\mathrm{rad}\cdot\mathrm{s}^{-1})$	794.26	2 573.93	5 370.32	9 183.58	14 013.73	19 860.74

2. 顶尖-顶尖装夹

图 2.5 所示为顶尖-顶尖装夹及其力学模型，当工件为双顶尖装夹时，工件两端的挠度和弯矩均为 0，因此振型函数受式(2.32)约束，即

$$\varphi(0)=0\quad \left.\frac{\mathrm{d}^2\varphi}{\mathrm{d}z^2}\right|_{x=0}=0,\quad \varphi(l)=0,\left.\frac{\mathrm{d}^2\varphi}{\mathrm{d}z^2}\right|_{x=l}=0 \tag{2.32}$$

图 2.5　顶尖-顶尖装夹及其力学模型

将式(2.16)代入式(2.32)可得

$$\begin{cases} C_3+C_5=0 \\ C_3-C_5=0 \\ C_3\operatorname{ch}\beta l+C_4\operatorname{sh}\beta l+C_5\cos\beta l+C_6\sin\beta l=0 \\ C_3\operatorname{ch}\beta l+C_4\operatorname{sh}\beta l-C_5\cos\beta l-C_6\sin\beta l=0 \end{cases} \tag{2.33}$$

解方程组(2.33)可得

$$\beta=\frac{i\pi}{l},\quad i\in N \tag{2.34}$$

$$\omega=\left(\frac{i\pi}{l}\right)^2\sqrt{\frac{EI}{\rho A}},\quad i\in N \tag{2.35}$$

$$C_3=0,\quad C_4=0,\quad C_5=0 \tag{2.36}$$

将式(2.36)代入式(2.16)，再将结果代入式(2.25)，经整理得

$$C_6=\sqrt{\frac{2}{\rho A l}} \tag{2.37}$$

2.3.3　固有频率和正则振型的求解步骤

对于工件的两种装夹方式，从工件振动模型的角度出发，即为两种边界条件。对于不同的装夹方式，固有频率和正则振型表达式中常数值的求解方法不同。为了综合考虑两种边界条件，现将工件振动系统的固有频率和正则振型的总体求解步骤加以总结，得出了固有频率与正则振型的求解流程图(图 2.6)。

按照上述步骤分别求出卡盘-顶尖和顶尖装夹方式下工件系统的前 6 阶振型，其结

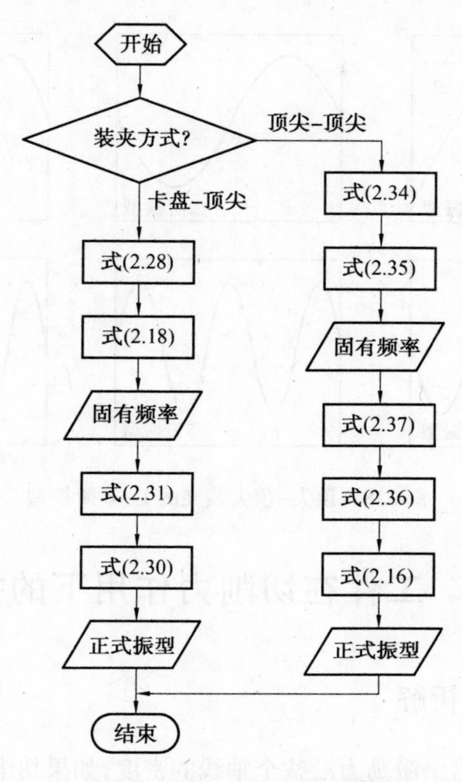

图 2.6　固有频率与正则振型的求解流程图

果分别如图 2.7、图 2.8 所示。

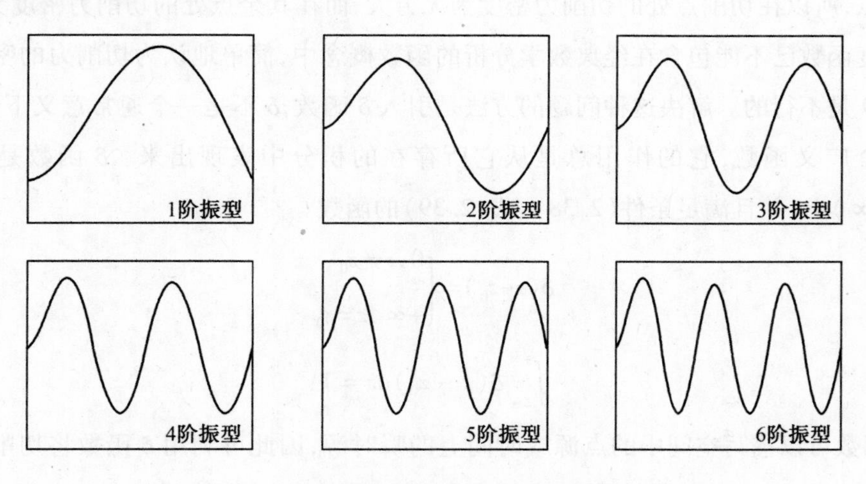

图 2.7　卡盘–顶尖装夹的 1 ~ 6 阶振型

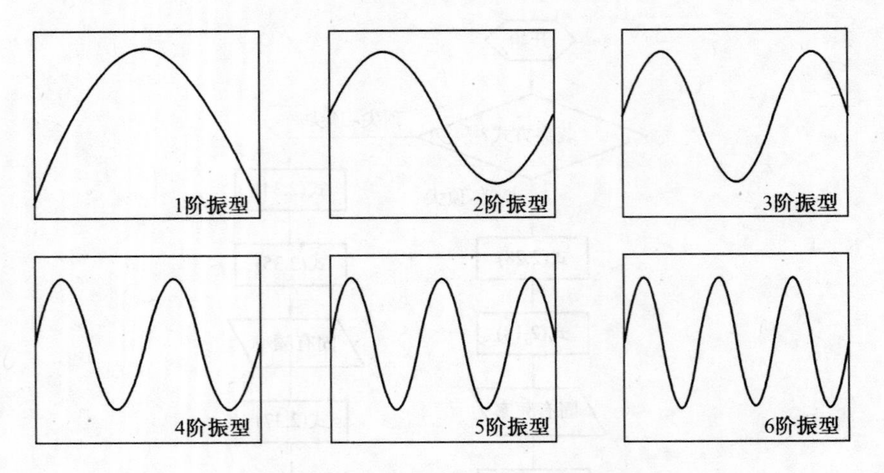

图 2.8 顶尖-顶尖装夹的 1 ~6 阶振型

2.4 工件在切削力作用下的振动

2.4.1 响应的解析解

工件振动方程中需给出激励力沿整个轴线的密度,如果切削力的大小为 F,其分布宽度为 ε,车刀的进给速度为 v_{f},那么车刀的位置为 $z=l-v_{\mathrm{f}}t$(图 2.9)。因为切削力的作用位置为一点,所以在切削点处的切削力密度为无穷大,而在其余点处的切削力密度为 0。这样的密度函数已不能包含在经典数学分析的函数概念中,简单地认为切削力的密度几乎处处为 0 是不行的。解决这种问题的方法是引入 δ 函数,δ 不是一个通常意义下的函数,而是一个广义函数,它的作用总是从它所存在的积分中表现出来。δ 函数是定义在 $(-\infty,+\infty)$ 上,并且满足条件(2.38)、式(2.39)的函数。

$$\delta(z-z_0)=\begin{cases}0, z\neq z_0\\ +\infty, z=z_0\end{cases} \tag{2.38}$$

$$\int_{-\infty}^{+\infty}\delta(z-z_0)\,\mathrm{d}z=1 \tag{2.39}$$

δ 函数可以描写空间中的点源或时间上的瞬时源,因此可利用 δ 函数将切削力沿工件轴线的分布密度表示为 $F\delta[z-(l-v_{\mathrm{f}}t)]$。$\delta$ 函数有个基本性质,即对任何连续函数 $\varphi(z)$,有

$$\int_{-\infty}^{+\infty}\delta(z-z_0)\varphi(z)\,\mathrm{d}z=\varphi(z_0) \tag{2.40}$$

对于任意小的正数 ε,由式(2.38) 与式(2.39) 得

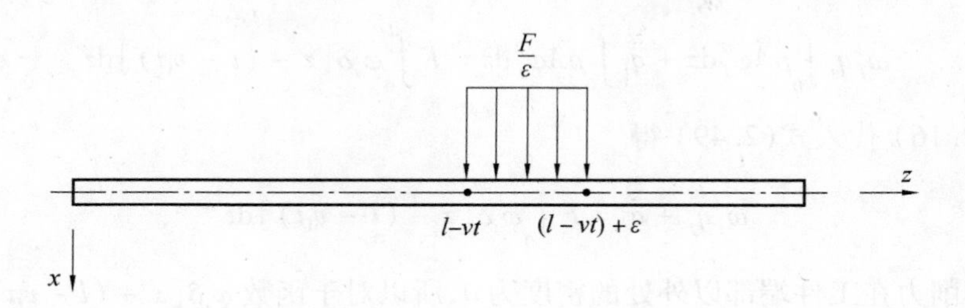

图 2.9　切削力作用于工件的密度函数

$$\int_{-\infty}^{+\infty} \delta(z - z_0)\,\mathrm{d}z = \int_{x_0-\varepsilon}^{x_0+\varepsilon} \delta(z - z_0)\,\mathrm{d}z = 1 \tag{2.41}$$

根据积分中值定理，并注意到式(2.41)，可得

$$\int_{-\infty}^{+\infty} \delta(z - z_0)\varphi(z)\,\mathrm{d}z = \int_{z_0-\varepsilon}^{z_0+\varepsilon} \delta(z - z_0)\varphi(z)\,\mathrm{d}z = \varphi(\xi)\int_{z_0-\varepsilon}^{z_0+\varepsilon} \delta(z - z_0)\,\mathrm{d}z = \varphi(\xi) \tag{2.42}$$

其中 $z_0 - \varepsilon \leqslant \xi \leqslant z_0 + \varepsilon$。在上式中，令 $\varepsilon \to 0$，从而 $\xi \to z_0$，于是得

$$\int_{-\infty}^{+\infty} \delta(z - z_0)\varphi(z)\,\mathrm{d}z = \varphi(z_0) \tag{2.43}$$

这样，工件的振动微分方程可表示为

$$EI\frac{\partial^4 x}{\partial z^4} + \rho A\frac{\partial^2 x}{\partial t^2} = F\delta[z - (l - v_{\mathrm{f}}t)] \tag{2.44}$$

设式(2.44)的解为

$$x(z,t) = \sum_{i=1}^{n} \varphi_i(z)q_i(t) \tag{2.45}$$

将式(2.45)两端分别对 t 求 2 阶偏导数，对 z 求 4 阶偏导数后代入式(2.44)得

$$EI\sum_{i=1}^{n} \frac{\mathrm{d}^4\varphi_i}{\mathrm{d}z^4}q_i + \rho A\sum_{i=1}^{n} \frac{\mathrm{d}^2 q_i}{\mathrm{d}t^2}\varphi_i = F\delta[z - (l - v_{\mathrm{f}}t)] \tag{2.46}$$

为了利用工件振型的正交性求解方程(2.46)，将其两端同时乘以 φ_j 后沿工件全长进行积分得

$$EI\sum_{i=1}^{n} q_i\int_0^l \frac{\mathrm{d}^4\varphi}{\mathrm{d}z^4}\varphi_j\,\mathrm{d}z + \sum_{i=1}^{n} \ddot{q}\int_0^l \rho A\varphi_i\varphi_j\,\mathrm{d}z = F\int_0^l \varphi_j\delta[z - (l - v_{\mathrm{f}}t)]\,\mathrm{d}z \tag{2.47}$$

将式(2.14)代入式(2.47)得

$$\sum_{i=1}^{n} \omega_i^2 q_i\int_0^l \rho A\varphi_i\varphi_j\,\mathrm{d}z + \sum_{i=1}^{n} \ddot{q}_i\int_0^l \rho A\varphi_i\varphi_j\,\mathrm{d}z = F\int_0^l \varphi_j\delta[z - (l - v_{\mathrm{f}}t)]\,\mathrm{d}z \tag{2.48}$$

由于工件振型具有正交性，即当 $i \neq j$ 时，有 $\int_0^l \varphi_i\varphi_j\,\mathrm{d}z = 0$ 成立，故式(2.48)可变为

$$\omega_j^2 q_j \int_0^l \rho A \varphi_j^2 \mathrm{d}z + \ddot{q}_j \int_0^l \rho A \varphi_j^2 \mathrm{d}z = F \int_0^l \varphi_j \delta[z - (l - v_f t)] \mathrm{d}z \tag{2.49}$$

将式(2.16)代入式(2.49)得

$$\omega_j^2 q_j + \ddot{q}_j = F \int_0^l \varphi_j \delta[z - (l - v_f t)] \mathrm{d}z \tag{2.50}$$

因为切削力在工件端部以外处的密度为0,所以对于函数 $\varphi_j \delta[x - (l - v_f t)]$,从 $-\infty$ 到 $+\infty$ 的积分就等于沿工件全长的积分,即等于从0到 l 的积分,因此根据式(2.40)可得

$$\int_0^l \varphi_j \delta[z - (l - v_f t)] \mathrm{d}z = \varphi_j(l - v_f t) \tag{2.51}$$

将式(2.51)代入式(2.49)得

$$\omega_j^2 q_j + \ddot{q}_j = F \varphi_j(l - v_f t) \tag{2.52}$$

方程(2.52)为二阶常微分方程,其解为

$$q_j = q_{j0} \cos \omega_{nj} t + \frac{\dot{q}_{j0}}{\omega_{nj}} \sin \omega_{nj} t + \frac{F}{\omega_{nj}} \int_0^t \varphi_j(l - v_f \tau) \sin \omega_{nj}(t - \tau) \mathrm{d}\tau \tag{2.53}$$

式中

$$q_{j0} = \int_0^l \rho A \varphi_j x_0 \mathrm{d}z$$

$$\dot{q}_{j0} = \int_0^l \rho A \varphi_j \dot{x}_0 \mathrm{d}z$$

假设工件在切削力作用之前的挠度和速度均为0,即 x_0 和 $\dot{x}_0$ 均为0,这将使式(2.53)等号右边前两项都等于0。此时,q_j 的表达式可简化为

$$q_j = \frac{F}{\omega_{nj}} \int_0^t \varphi_i(l - v_f \tau) \sin \omega_{nj}(t - \tau) \mathrm{d}\tau \tag{2.54}$$

将式(2.54)代入式(2.45)可得工件沿轴线各点各时刻对切削力的响应为

$$x(z,t) = F \sum_{j=1}^{n} \frac{\varphi_j(z)}{\omega_{nj}} \int_0^t \varphi_j(l - v_f \tau) \sin \omega_{nj}(t - \tau) \mathrm{d}\tau \tag{2.55}$$

考虑到并非工件上所有点的响应对尺寸误差的仿真都有意义,实际上仅在切削点的响应有意义。据此,可将式(2.55)进一步简化,使其仅表示切削点在各时刻对切削力的响应。切削点的横坐标为 $l - v_f t$,因此应将式(2.55)中的 z 替换为 $l - v_f t$,结果可得

$$x(t) = F \sum_{j=1}^{n} \frac{\varphi_j(l - v_f t)}{\omega_{nj}} \int_0^t \varphi_j(l - v_f \tau) \sin \omega_{nj}(t - \tau) \mathrm{d}\tau \tag{2.56}$$

2.4.2　切削力的计算

动载荷是时间和位置的函数,有确定性和非确定性之分。加工工艺系统受确定性载荷(周期或非周期)作用时的响应分析通常称为结构振动分析。机构在非确定性载荷(随机载荷)作用下的响应分析,称为结构的随机振动分析。工件动力分析中,其响应不仅与载荷的幅值及其变化规律有关,而且还与系统的动力特性有关。由结构质量、刚度分布和能量耗散等导出的结构的固有频率、振型、阻尼称为结构动力特性。对于动力特性相同的不同结构,在相同的动载荷作用下,它们的响应(位移、速度和加速度等)是一样的。

因为切削力理论模型能解释金属切削的机理,所以该领域的研究一直受到重视。一般可用两种理论对切削力进行建模,即最小能量原理和滑移线场理论。前者认为塑性变形均匀分布在剪切面内,因此可以通过剪切面上的剪应力与压应力分布来计算所消耗的能量。求出的这个能量相当于剪切角的最小值,这样就可以确定剪切面的方向。后者应用平面应变的塑性理论,建立起剪切区的滑移线场。许多学者应用或改进了这两种切削力的理论模型。现有的切削力理论公式由于与实测切削力相差太大,故实际应用中多用经验公式。

本文应用文献[89]的经验公式,主切削力 F_c、背向力 F_p、进给力 F_f的表达式分别为

$$F_c = 9.81 C_{F_c} a_p^{x_{F_c}} f^{y_{F_c}} K_{F_c} \tag{2.57}$$

$$F_p = 9.81 C_{F_p} a_p^{x_{F_p}} f^{y_{F_p}} K_{F_p} \tag{2.58}$$

$$F_f = 9.81 C_{F_f} a_p^{x_{F_f}} f^{y_{F_f}} K_{F_f} \tag{2.59}$$

式中的系数、指数及修正系数可根据表2.2给出的刀具几何角度及切削用量查相应表格得出,结果见表2.3、2.4。

表2.2　刀具几何角度及切削用量

κ_T	γ_o	γ_s	q_p/mm	f/(mm·r)	n/(r·min^{-1})
90°	15°	−5°	0.4	0.2	200

表2.3　切削力公式中的系数和指数

C_{F_c}	x_{F_c}	y_{F_c}	C_{F_p}	x_{F_p}	y_{F_p}	C_{F_f}	x_{F_f}	y_{F_f}
180	1.0	0.75	94	0.9	0.6	54	1.0	0.5

表 2.4　切削力公式中的修正系数

修正系数	K_{F_c}	KC_{F_p}	K_{F_f}
工件材料	$\left(\dfrac{\sigma_b}{0.637}\right)^{0.75}$	$\left(\dfrac{\sigma_b}{0.637}\right)^{1.35}$	$\left(\dfrac{\sigma_b}{0.637}\right)^{1.0}$
主偏角 κ_T	0.89	0.50	1.17
前角 γ_o	0.95	0.85	0.85
刃倾角 λ_s	1.0	1.25	0.85

根据上述条件所求得的各切削分力见表 2.5。

表 2.5　按经验公式求得的各切削分力　　N

F_c	F_p	F_f
170.34	75.08	75.20

2.4.3　工件弯曲振动的仿真

因为就工件车削加工的精度而言，反向车削好于正向车削，故这里采用反向车削。由于高阶振动的影响较小，故求解工件振动时只计算前 2 阶振动。车削加工前，工件未受切削力作用，各点的 x、y 方向的位移及速度均为零。结合此初始条件，根据式(2.55)便可求出工件各点的振动，即一次走刀过程中任意时刻、任意位置的振动。然后将求解的结果用等高线表示，图 2.10 所示给出了两种常用装夹方式下(卡盘-顶尖装夹和顶尖-顶尖装夹)由 F_p 引起的工件整体的弯曲振动，图 2.11 所示给出了由 F_c 引起的工件整体的弯曲振动。按照仿真实例中的参数可求得一次走刀所需时间

$$t/\mathrm{s}=\frac{60L}{nf}=\frac{60\times 1\ 000}{200\times 0.2}=1\ 500$$

故时间轴显示 t 的范围为 0 ~ 1 500 s。由于工件长度 L=1 000 mm，故 z 轴显示的范围为 0 ~ 1 000 mm，其中卡盘处的 z=0。

如图 2.10(a)和图 2.11(a)所示，工件的最大弯曲变形并非在图中央，而在偏上方，即 z=410 ~ 700 mm 处，这表明最大变形所在位置偏向顶尖一端。由于卡盘比顶尖能限制更多的自由度，故其约束作用更强，从而最大弯曲变形区偏上。而图 2.10(b)、图 2.11(b)中，工件的最大弯曲变形约发生在图正中央，即 z=380 ~ 620 mm，这是因为采用顶尖-顶尖装夹时，两顶尖限制了相同数量的自由度。

考虑到工件切削点处的弯曲振动对尺寸精度有直接影响，其余位置的弯曲振动则没有直接影响，故分析切削点处的振动具有重要意义。根据式(2.56)可求出切削点的振

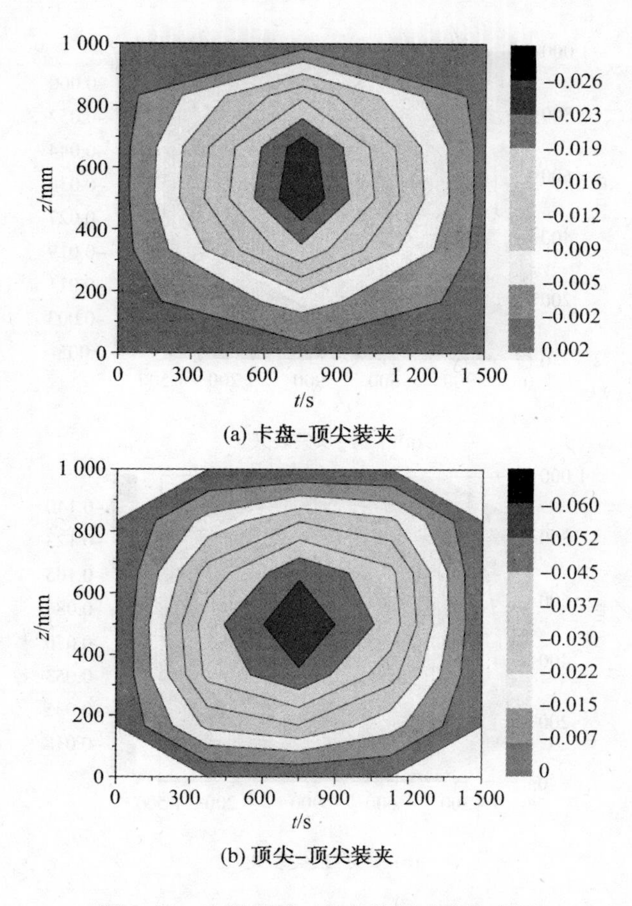

(a) 卡盘–顶尖装夹

(b) 顶尖–顶尖装夹

图 2.10　F_p 引起的工件整体振动的仿真图

动,结果如图 2.12、图 2.13 所示。图 2.12(a)与图 2.13(a)中曲线的左端较平直,然后下降,最大变形量(绝对值)出现在 $z=600$ mm 处。图 2.12(b)、2.13(b)中的曲线左右对称,最大变形量(绝对值)出现在工件中点($z=500$ mm)。如图 2.12 所示,卡盘-顶尖装夹时 F_p 引起的最大变形量为 0.027 mm,顶尖-顶尖装夹时的最大变形量则为其 2 倍。图 2.13 所示的 2 条曲线也有相同规律,这是因为卡盘比顶尖对工件的限制作用更强。

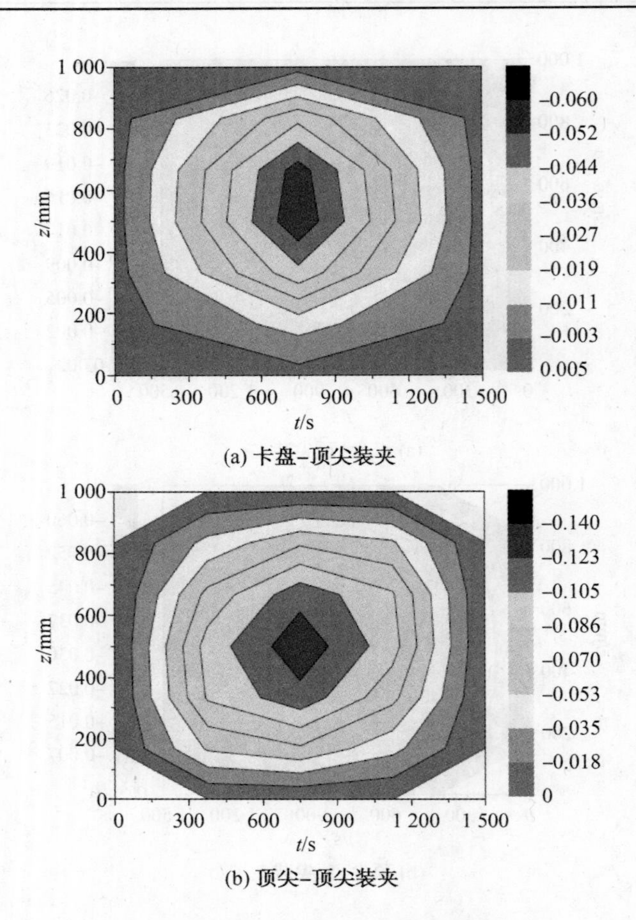

(a) 卡盘–顶尖装夹

(b) 顶尖–顶尖装夹

图 2.11　F_c引起的工件整体振动的仿真图

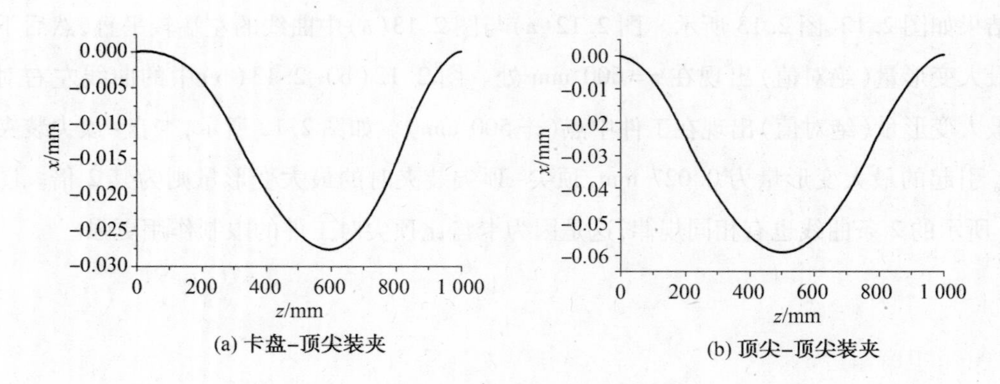

(a) 卡盘–顶尖装夹　　(b) 顶尖–顶尖装夹

图 2.12　F_p引起的切削点处振动

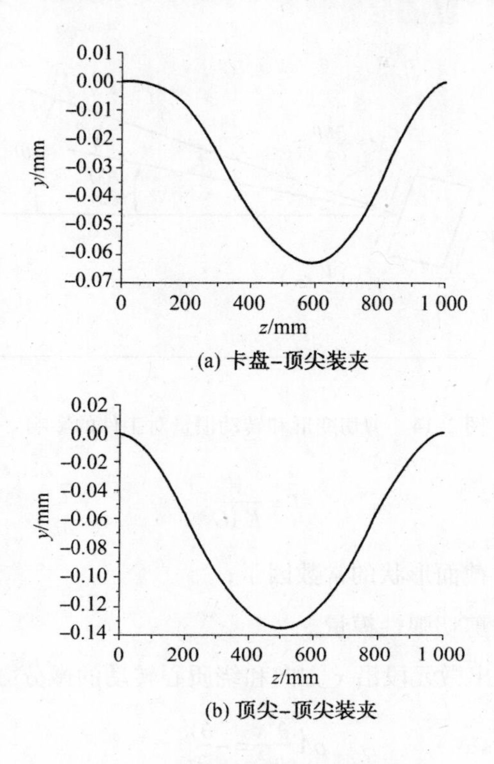

(a) 卡盘-顶尖装夹

(b) 顶尖-顶尖装夹

图 2. 13　F_c引起的切削点处振动

2.5　工件弯曲振动的影响因素

2.5.1　剪切变形和转动惯量的影响

以上讨论工件的振动问题是以简单梁的理论为基础的，所得到的频率和振型函数随着阶数的增高其准确性将是下降的。因此，当分析工件的高阶振型时，就必须考虑剪切变形和转动惯量的影响。

在工件上取一小段 dz，当忽略剪切变形时，截面的法线与工件轴线的切线重合。图 2. 14 所示为该段考虑剪切变形和转动惯量对工件的影响图。设由弯矩 M 引起的截面转角为 θ，由于剪切力 V 的作用，矩形单元变成平行四边形单元，但横截面没有发生转动，因此由弯矩 M 和剪切力 V 共同作用引起的工件轴线的转角为

$$\frac{\partial x}{\partial z}=\theta-\beta \tag{2.60}$$

式中　β——由剪切力引起的转角。

由材料力学知

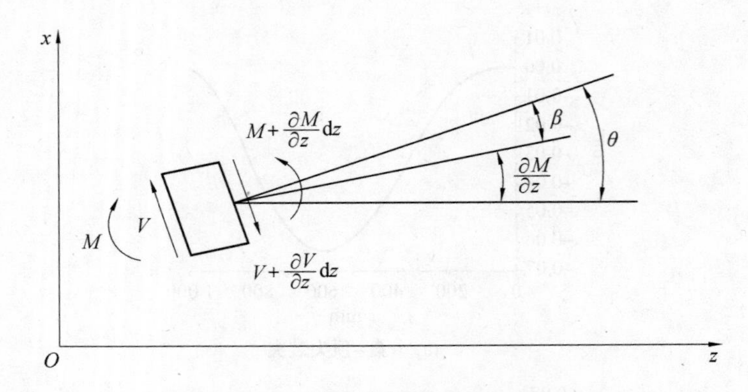

图 2.14 剪切变形和转动惯量对工件的影响

$$\beta=\frac{V}{KAG} \tag{2.61}$$

式中 K——取决于工件截面形状的常数因子；

G——工件材料的剪切弹性模量。

根据图 2.14 可以列出微元段沿 x 方向和绕质心转动的微分方程分别为

$$\rho A\ \frac{\partial^2 x}{\partial t^2}=-\frac{\partial V}{\partial z} \tag{2.62}$$

$$J\ \frac{\partial^2 \theta}{\partial t^2}=\frac{\partial M}{\partial z}-V \tag{2.63}$$

式中 J——单位长度工件对截面中性轴的转动惯量。

将式(2.60)和式(2.61)代入式(2.62)和式(2.63)中，并考虑材料力学中梁的公式

$$EI\ \frac{\partial \theta}{\partial z}=M$$

可得

$$\rho A\ \frac{\partial^2 x}{\partial t^2}+\frac{\partial}{\partial z}\left[KAG\ \frac{\partial x}{\partial z}\right]=0 \tag{2.64}$$

$$J\ \frac{\partial^2 \theta}{\partial t^2}+KAG\ \frac{\partial x}{\partial z}-\frac{\partial}{\partial z}\left(EI\ \frac{\partial \theta}{\partial z}\right)=0 \tag{2.65}$$

对于等截面的工件，从式(2.64)和式(2.65)中消去 θ，可得

$$EI\ \frac{\partial^4 x}{\partial z^4}+\rho A\ \frac{\partial^2 x}{\partial t^2}-\left(J+\frac{EI\rho}{KG}\right)\frac{\partial^4 x}{\partial z^2\,\partial t^2}+\frac{\rho J}{KG}\frac{\partial^4 x}{\partial t^4}=0 \tag{2.66}$$

式(2.66)就是考虑了剪切变形和转动惯量影响时，工件系统的自由振动方程，式中的后两项即是剪切变形和转动惯量对工件振动的影响。

2.5.2　进给力 F_f 的影响

除了主切削力 F_c 和背向力 F_p 可以引起工件的弯曲振动之外，进给力 F_f 对工件固有频率也有一定影响。F_f 的方向与工件轴线平行，故可通过 F_f 分析轴向力对工件弯曲振动的影响。如果车削工件时采用反向走刀，那么进给力对工件的作用就相当于拉力。取工件上的一个小段为分离体，图 2.15 所示给出了进给力对工件弯曲振动的影响。此段除了受剪切力 V 和弯矩 M 作用外，还有进给力 F_f 的作用。

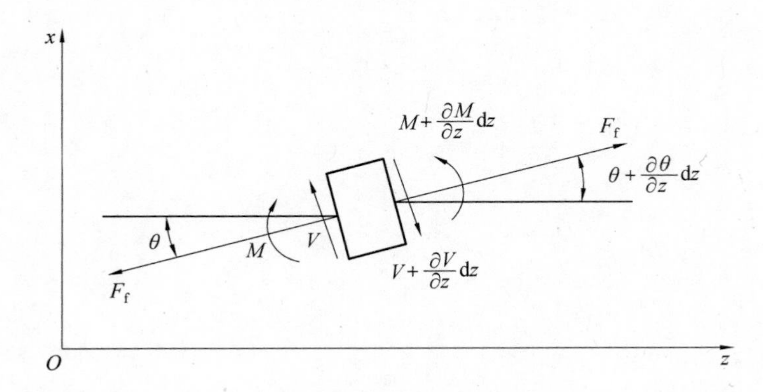

图 2.15　进给力对工件弯曲振动的影响

当忽略剪切变形和转动惯量时，该段工件在 x 方向的运动微分方程为

$$\rho A\mathrm{d}z\,\frac{\partial^2 x}{\partial t^2}=V-\left(V+\frac{\partial V}{\partial z}\mathrm{d}z\right)+F_f\left(\theta+\frac{\partial \theta}{\partial z}\mathrm{d}z\right)-F_f\theta \tag{2.67}$$

将 $\theta=\frac{\partial x}{\partial z}, V=\frac{\partial M}{\partial z}, M=EI\frac{\partial^2 x}{\partial z^2}$ 等关系代入式(2.67)，化简后即可得在进给力 F_f 作用下工件自由振动的微分方程为

$$\rho A\,\frac{\partial^2 x}{\partial t^2}=-EI\,\frac{\partial^4 x}{\partial z^4}+F_f\,\frac{\partial^2 x}{\partial z^2} \tag{2.68}$$

假设工件采用双顶尖装夹，可假设其 i 阶主振动为

$$x_i(z,t)=\sin\left(\frac{i\pi}{l}z\right)\sin(\omega_{ni}t+\varphi_i) \tag{2.69}$$

代入式(2.68)，可得工件系统的频率方程为

$$\rho A\omega_{ni}^2-EI\left(\frac{i\pi}{l}\right)^4-F_f\left(\frac{i\pi}{l}\right)^2=0 \tag{2.70}$$

由此解得固有频率为

$$\omega_{ni}^2=\left(\frac{i\pi}{l}\right)^2\sqrt{\frac{EI}{\rho A}}\left[1+\frac{F_f l^2}{(i\pi)^2 EI}\right] \tag{2.71}$$

将式(2.71)与式(2.35)相比,可以发现进给力的介入使式(2.71)右边多了一个系数项$\left[1+\frac{F_{\mathrm{f}}l^2}{(i\pi)^2EI}\right]$。因为$\frac{F_{\mathrm{f}}l^2}{(i\pi)^2EI}>0$,故式(2.71)的固有频率比式(2.35)有所提高,且随着阶数i的增加,该系数项逐渐减小。由此可知进给力对工件固有频率的影响在减小。总之,采用反向车削时,进给力将增加工件系统的固有频率,从而使其弯曲变形量减小,即相当于增加了工件的刚度。

第3章　车削加工过程的稳定性分析及其试验研究

3.1　引　　言

颤振是金属切削过程中刀具与工件之间产生的一种十分强烈的自激振动，是影响加工质量和切削效率的主要因素之一。特别是在细长轴车削加工中，由于工件长径比大、刚度差且分布不均匀，更易发生振动，从而导致切削颤振，严重影响加工质量，故研究切削颤振开始发生时的临界条件，即切削稳定性极限，从而避免颤振的发生是十分必要的。

在颤振的各种激振机制中，再生效应被认为是最直接、最主要的激振机制。且研究显示，细长轴车削过程中产生的强烈振动是再生型颤振[2]。故本章将针对再生型颤振，建立车削加工稳定性极限的预测模型，并考察辅助加工装置跟刀架对稳定性极限的影响。通过预测工艺系统的切削稳定性极限，可指导车削参数的优化选择，使车削加工既实现无颤振切削，又能充分发挥所用机床的性能。

3.2　再生型颤振系统的动力学模型

图3.1所示为采用卡盘-顶尖装夹方式车削时的再生型颤振系统动力学模型。由于车削加工中水平方向振动是产生切削振纹的主要原因，为简化分析过程，模型只考虑水平方向振动对加工稳定性的影响。模型中，刀具表示为单自由度的质量-弹簧-阻尼振动系统；卡盘对工件的支撑作用由平动弹簧和转动弹簧表示，刚度分别为 k_{hx} 和 k_{rx}；顶尖对工件的支撑表示为平动弹簧，刚度为 k_{wx}；z 表示刀具的切削位置。

由如图3.1所示的再生型颤振系统动力学模型可知，加工中的瞬时切削厚度 $h(t)$ 可表示为

$$h(t)=h_0+[x_t(t)-\mu x_t(t-T)]-[x_{cw}(t)-\mu x_{cw}(t-T)] \tag{3.1}$$

式中　h_0——名义切削厚度，mm；

$x_t(t)$——本转切削的刀具振动位移，mm；

$x_t(t-T)$——前一转切削的刀具振动位移，mm；

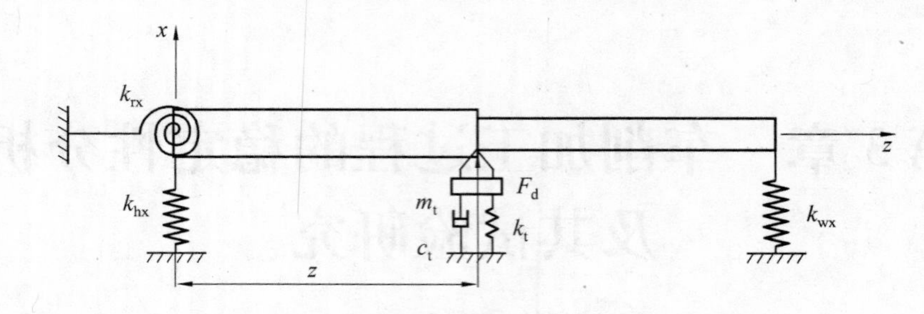

图 3.1　车削加工再生型颤振系统动力学模型

$x_{cw}(t)$——本转切削中工件切削点处的振动位移，mm；

$x_{cw}(t-T)$—— 前一转切削中工件切削点处的振动位移，mm；

μ——前后两转切削的重叠系统；

T——机床主轴转一转的时间，s，$T=60/n$；

n——机床主轴转速，r/min。

则由切削厚度变化引起的动态切削力 $F_d(t)$ 可写为

$$F_d(t)=k_c b\{[x_t(t)-\mu x_t(t-T)]-[x_{cw}(t)-\mu x_{cw}(t-T)]\} \tag{3.2}$$

式中　k_c——单位切削宽度上的切削刚度系数，N/mm^2；

b —— 切削宽度，mm。

刀具振动的动力学方程可表示为

$$m_t\ddot{x}_t+c_t\dot{x}_t+k_t x_t=-F(t) \tag{3.3}$$

式中　m_t——刀具的等效质量，$(N\cdot s^2)/mm$；

c_t——刀具的等效阻尼，$(N\cdot s)/mm$；

k_t——刀具的等效刚度，N/mm；

x_t——刀具的振动位移，mm。

采用有限元方法建立工件-夹具的振动模型，通过组集单元刚度矩阵、单元阻尼矩阵和单元质量矩阵，可以得到工件-夹具振动的动力学方程为

$$\boldsymbol{M}_w\ddot{\boldsymbol{x}}_w+\boldsymbol{C}_w\dot{\boldsymbol{x}}_w+\boldsymbol{K}_w\boldsymbol{x}_w=\boldsymbol{F}_w \tag{3.4}$$

式中　$\boldsymbol{M}_w$——工件-夹具的总体质量矩阵；

$\boldsymbol{C}_w$——工件-夹具的总体阻尼矩阵；

$\boldsymbol{K}_w$——工件-夹具的总体刚度矩阵；

$\boldsymbol{x}_w$——工件-夹具的节点位移向量；

$\boldsymbol{F}_w$——工件-夹具的总体节点力向量。

在有限元建模过程中，应保证切削点处于节点上，以简化建模过程。设切削点位于第

n_t 个节点上,并令 $n_c=2n_t-1$,则切削点处的振动位移 $\boldsymbol{x}_{cw}(t)$ 位于节点位移向量 $\boldsymbol{x}_w$ 的第 n_c 行;作用于切削点处的动态切削力 $\boldsymbol{F}_d(t)$ 亦位于节点力向量 $\boldsymbol{F}_w$ 的第 n_c 行,则总体节点力向量可以表示为

$$\boldsymbol{F}_w=[F_1 \quad \cdots \quad F_{n_c-1} \quad F_{n_c} \quad F_{n_c+1} \quad \cdots \quad F_n]^T=[0 \quad \cdots \quad 0 \quad F_d(t) \quad 0 \quad \cdots \quad 0]^T \tag{3.5}$$

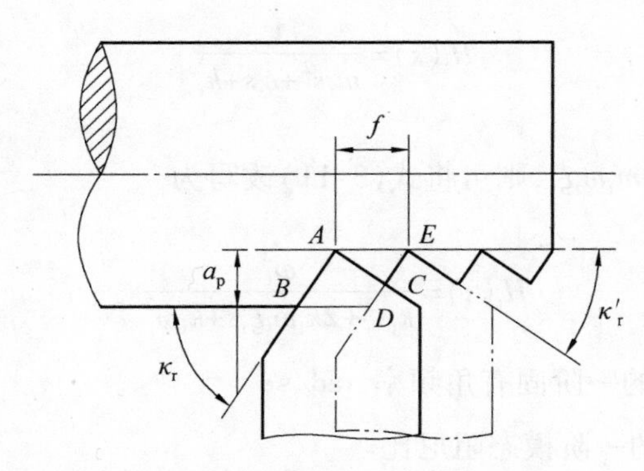

图 3.2　车外圆时的重叠系数

式(3.1)中相邻两转间的重叠系数 μ 可按图 3.2 所示进行计算[2]

$$\mu=\frac{CD}{AB}=\frac{DE-CE}{AB}=\frac{AB-CE}{AB}=1-\frac{CE}{AB} \tag{3.6}$$

在△ACE 中,由正弦定理可得

$$CE=\frac{\sin \kappa'_r}{\sin(\kappa_r+\kappa'_r)}AE \tag{3.7}$$

式中　κ_r—— 车刀主偏角;

κ'_r—— 车刀副偏角。

将 $AB=a_p/\sin \kappa_r$,$AE=f$ 和式(3.7)代入式(3.6)中,经整理可求得

$$\mu=1-\frac{\sin \kappa_r \sin \kappa'_r}{\sin(\kappa_r+\kappa'_r)}\cdot\frac{f}{a_p} \tag{3.8}$$

对于车削加工:切断时 $\mu=1$,车削螺纹时 $\mu=0$,外圆车削时 $0<\mu<1$。

3.3　车削加工的稳定性分析

此处采用直接拉氏变换法和奈奎斯特(Nyquist)稳定判据,分析车削加工中工艺系统的切削稳定性。对描述刀具振动的式(3.3)进行拉氏变换,并假定初始条件为零,则等式变为

$$(m_t s^2+c_t s+k_t)X_t(s)=-F_d(s) \tag{3.9}$$

式中　$X_t(s)$、$F_d(s)$——$x_t(t)$和$F_d(t)$的拉氏变换。

式(3.9)可改写为

$$X_t(s)=H_t(s)(-F_d(s)) \tag{3.10}$$

式中刀具振动的传递函数$H_t(s)$表示为

$$H_t(s)=\frac{1}{m_t s^2+c_t s+k_t} \tag{3.11}$$

由$\omega_t=\sqrt{\frac{k_t}{m_t}}$和$c_t=2m_t\omega_t\xi_t$，则可将式(3.11)改写为

$$H_t(s)=\frac{\omega_t^2}{k_t s^2+2k_t\omega_t\xi_t s+k_t\omega_t^2} \tag{3.12}$$

式中　ω_t——刀具振动的一阶固有角频率，rad/s；

ξ_t——刀具振动的一阶模态阻尼比。

对描述工件-夹具振动的式(3.4)进行拉氏变换，并假定初始条件为零，则等式变为

$$(s^2 M_w+sC_w+K_w)X_w(s)=F_w(s) \tag{3.13}$$

式中　$X_w(s)$，$F_w(s)$——$x_w(t)$和$F_w(t)$的拉氏变换。

式(3.13)可改写为

$$X_w(s)=H_w(s)F_w(s) \tag{3.14}$$

式中工件-夹具振动的传递函数矩阵$H_w(s)$表示为

$$H_w(s)=(s^2 M_w+sC_w+K_w)^{-1} \tag{3.15}$$

将式(3.14)写成矩阵形式为

$$\begin{bmatrix} X_1(s) \\ X_2(s) \\ \vdots \\ X_n(s) \end{bmatrix}=\begin{bmatrix} H_{11}(s) & H_{12}(s) & \cdots & H_{1n}(s) \\ H_{21}(s) & H_{22}(s) & \cdots & H_{2n}(s) \\ \vdots & \vdots & & \vdots \\ H_{n1}(s) & H_{n2}(s) & \cdots & H_{nn}(s) \end{bmatrix}\begin{bmatrix} F_1(s) \\ F_2(s) \\ \vdots \\ F_n(s) \end{bmatrix} \tag{3.16}$$

则$X_w(s)$中的任一元素可以表示为

$$X_i(s)=\sum_{j=1}^{n} H_{ij}(s)F_j(s)\quad (i=1,\ 2,\ \cdots,n) \tag{3.17}$$

如果仅在第i个物理坐标上施加激励，其他坐标的激励为零，则该物理坐标上的响应可简化为

$$X_i(s)=H_{ii}(s)F_i(s) \tag{3.18}$$

考查如式(3.5)所示的总体节点力向量 $\boldsymbol{F}_{\mathrm{w}}$,则工件切削点处的振动位移 $\boldsymbol{X}_{\mathrm{cw}}(s)$ 可表示为

$$\boldsymbol{X}_{\mathrm{cw}}(s)=H_{n_{\mathrm{c}}n_{\mathrm{c}}}(s)\boldsymbol{F}_{\mathrm{d}}(s) \tag{3.19}$$

式中的传递函数 $H_{n_{\mathrm{c}}n_{\mathrm{c}}}(s)$ 将采用下述的实模态分析方法求得。

由式(3.4)可知,工件-夹具是典型的多自由度系统。为将多自由度系统的振动转化为 n 个独立的主振动的叠加,需对式(3.4)进行解耦变换。在解耦过程中,若阻尼矩阵 $\boldsymbol{C}_{\mathrm{w}}$ 为一般黏性阻尼,则不能利用模态正交性对其进行对角化,动力学方程不能解耦;若 $\boldsymbol{C}_{\mathrm{w}}$ 为黏性比例阻尼矩阵,则可将动力学方程变换为完全解耦的方程组,极大地简化求解过程。

对于绝大多数机床结构和工件,非比例阻尼项通常很小,而且对于小阻尼系统,比例阻尼和非比例阻尼系统的振动响应的差别可以忽略[90]。在工程中的大多数机械振动系统中,阻尼都非常小。因此,采用比例阻尼简化振动系统模型是一种合理的近似,故这里将 $\boldsymbol{C}_{\mathrm{w}}$ 作为黏性比例阻尼矩阵处理。

可以证明,比例阻尼振动系统与相应的无阻尼振动系统具有相同的模态矩阵[91]。因此,求解与式(3.4)相对应的无阻尼振动系统方程,可得到比例阻尼系统的模态矩阵 $\boldsymbol{\Phi}$。根据模态的正交性,可得

$$\boldsymbol{\Phi}^{\mathrm{T}}\boldsymbol{M}_{\mathrm{w}}\boldsymbol{\Phi}=\mathrm{diag}[m_1\quad m_2\quad\cdots\quad m_n]=\mathrm{diag}[m_i] \tag{3.20}$$

$$\boldsymbol{\Phi}^{\mathrm{T}}\boldsymbol{K}_{\mathrm{w}}\boldsymbol{\Phi}=\mathrm{diag}[k_1\quad k_2\quad\cdots\quad k_n]=\mathrm{diag}[k_i] \tag{3.21}$$

$$\boldsymbol{\Phi}^{\mathrm{T}}\boldsymbol{C}_{\mathrm{w}}\boldsymbol{\Phi}=\mathrm{diag}[c_1\quad c_2\quad\cdots\quad c_n]=\mathrm{diag}[c_i] \tag{3.22}$$

式中 m_i,k_i,c_i——振动系统的第 i 阶主质量、主刚度和模态阻尼。

考虑式(3.20)~(3.22),则由式(3.15)可直接得到传递函数 $H_{\mathrm{w}}(s)$ 的模态展开式为

$$\begin{aligned}\boldsymbol{H}_{\mathrm{w}}(s)=&\boldsymbol{\Phi}\boldsymbol{\Phi}^{-1}(s^2\boldsymbol{M}_{\mathrm{w}}+s\boldsymbol{C}_{\mathrm{w}}+\boldsymbol{K}_{\mathrm{w}})^{-1}(\boldsymbol{\Phi}^{\mathrm{T}})^{-1}\boldsymbol{\Phi}^{\mathrm{T}}=\\&\boldsymbol{\Phi}[\boldsymbol{\Phi}^{\mathrm{T}}(s^2\boldsymbol{M}_{\mathrm{w}}+s\boldsymbol{C}_{\mathrm{w}}+\boldsymbol{K}_{\mathrm{w}})\boldsymbol{\Phi}]^{-1}\boldsymbol{\Phi}^{\mathrm{T}}=\\&\boldsymbol{\Phi}[\mathrm{diag}[s^2m_i+sc_i+k_i]]^{-1}\boldsymbol{\Phi}^{\mathrm{T}}=\\&\boldsymbol{\Phi}\mathrm{diag}\left[\frac{1}{s^2m_i+sc_i+k_i}\right]\boldsymbol{\Phi}^{\mathrm{T}}=\\&\sum_{i=1}^{n}\frac{\boldsymbol{\varphi}^{(i)}\ (\boldsymbol{\varphi}^{(i)})^{\mathrm{T}}}{s^2m_i+sc_i+k_i}\end{aligned} \tag{3.23}$$

式中 $\boldsymbol{\varphi}^{(i)}$——工件-夹具振动的第 i 阶模态。

通过将式(3.23)展开成矩阵形式可知,$H_{n_{\mathrm{c}}n_{\mathrm{c}}}(s)$ 的模态展开式表示为

$$H_{n_c n_c}(s)=\sum_{i=1}^{n}\frac{(\varphi_{n_c}^{i})^2}{s^2 m_i+sc_i+k_i} \tag{3.24}$$

由式(3.24)可知,工件切削点处振动的传递函数 $H_{n_c n_c}(s)$ 表示为各阶模态下传递函数的线性叠加。由于高阶模态对系统稳定性的影响非常小,故本研究采用模态截断方法,只考虑前3阶模态对系统稳定性的影响。同时,第 i 阶模态阻尼 c_i 可表示为 $c_i=2m_i\omega_i\xi_i$,则式(3.24)变换为

$$H_{n_c n_c}(s)=\sum_{i=1}^{3}\frac{(\varphi_{n_c}^{i})^2}{s^2 m_i+2sm_i\omega_i\xi_i+k_i} \tag{3.25}$$

式中　ω_i——工件振动的第 i 阶固有角频率,rad/s;

ξ_i——工件振动的第 i 阶模态阻尼比。

对式(3.2)进行零初始条件的拉氏变换,整理后可得

$$F_d(s)=k_c b[X_t(s)-X_{cw}(s)](1-\mu e^{-Ts}) \tag{3.26}$$

综合式(3.10)和式(3.19),则 $X_t(s)-X_{cw}(s)$ 可表示为

$$X_t(s)-X_{cw}(s)=H_t(s)(-F_d(s))-H_{n_c n_c}(s)F_d(s) \tag{3.27}$$

将式(3.26)代入式(3.27),并约去 $X_t(s)-X_{cw}(s)$,经整理后可得

$$1+k_c b(1-\mu e^{-Ts})[H_t(s)+H_{n_c n_c}(s)]=0 \tag{3.28}$$

通过与式(1.1)比较可知,式(3.28)即为振动系统的特征方程。

由奈奎斯特稳定判据可知,线性定常系统稳定的充要条件是其全部特征根均具有负实部。式(3.28)所示特征方程的根 s 可写成 $s=\sigma+j\omega$ 的形式,则

(1)当 $\sigma>0$ 时,加工系统处于不稳定性状态;

(2)当 $\sigma<0$ 时,加工系统处于稳定性状态;

(3)当 $\sigma=0$ 时,加工系统处于稳定与不稳定的临界状态。

因此,令 $\sigma=0$,将 $s=j\omega$ 代入式(3.28)中,即可解得临界状态下的极限切削宽度 $b_{\lim}$。

由欧拉公式有

$$e^{-j\omega T}=\cos\omega T-j\sin\omega T \tag{3.29}$$

设 $G(s)=H_t(s)+H_{n_c n_c}(s)$,并将 $G(j\omega)$ 的复数形式表示为 $G(j\omega)=R+jI$。将 $s=j\omega$ 和式(3.29)代入式(3.28)中,经整理后可得

$$1+k_c b[R(1-\mu\cos\omega T)-I\mu\sin\omega T]+jk_c b[I(1-\mu\cos\omega T)+R\mu\sin\omega T]=0 \tag{3.30}$$

式(3.30)成立的充要条件是等式左右两侧的实部与虚部分别相等,则有

$$1+k_c b[R(1-\mu\cos\omega T)-I\mu\sin\omega T]=0 \tag{3.31}$$

$$I(1-\mu\cos\omega T)+R\mu\sin\omega T=0 \tag{3.32}$$

求解式(3.31)和(3.32)即可得出主轴转速 n 和对应的极限切削宽度 $b_{\lim}$。

设相邻两转切削振纹间的相位差为 φ,则有

$$\varphi=\omega T=\frac{60\omega}{n}=2\pi(N+\varepsilon/2\pi) \tag{3.33}$$

式中　N——每转振痕数的整数部分;

$\varepsilon/2\pi$——每转振痕数的小数部分,$0\leqslant\varepsilon/2\pi<1$。

因此,只要确定 ε 即可从式(3.33)中得到转速 n 的表达式。

将式(3.32)变化为如下形式,即

$$\frac{I}{\sqrt{I^2+R^2}}\cos\omega T-\frac{R}{\sqrt{I^2+R^2}}\sin\omega T=\frac{I}{\mu\sqrt{I^2+R^2}} \tag{3.34}$$

令 $\sin\theta=\frac{I}{\sqrt{I^2+R^2}}$,$\cos\theta=\frac{R}{\sqrt{I^2+R^2}}$,则式(3.34)变为

$$\sin(\theta-\omega T)=\frac{I}{\mu\sqrt{I^2+R^2}} \tag{3.35}$$

则 ωT 可以表示为

$$\omega T=\theta-\arcsin\frac{I}{\mu\sqrt{I^2+R^2}} \tag{3.36}$$

由切削稳定性极限的奈奎斯特图可知[92],只有机床振动系统的动柔度曲线与切削过程的动柔度曲线相切或相交时,稳定性极限才存在,此时 $G(s)$ 为负($I<0,R<0$)。由 $I<0$ 和 $R<0$,并考虑 θ 的定义可知,$\pi<\theta<\frac{3}{2}\pi$。因此,$\theta$ 应表示为

$$\theta=\pi+\arctan\frac{I}{R} \tag{3.37}$$

代入式(3.36)中得

$$\omega T=\pi+\arctan\frac{I}{R}-\arcsin\frac{I}{\mu\sqrt{I^2+R^2}} \tag{3.38}$$

考查式(3.38)所表示的相角范围可知,该式表示每转振痕数的小数部分所对应的相角,即

$$\varepsilon=\pi+\arctan\frac{I}{R}-\arcsin\frac{I}{\mu\sqrt{I^2+R^2}} \tag{3.39}$$

将式(3.39)代入式(3.33)中,得到主轴转速 n 的表达式为

$$n=\frac{60\omega}{2\pi N+\pi+\arctan\frac{I}{R}-\arcsin\frac{I}{\mu\sqrt{I^2+R^2}}}\quad(N=0,1,2,\cdots) \tag{3.40}$$

由式(3.32)解出 I,并将其代入式(3.31)中,整理后即可得到极限切削宽度 $b_{\lim}$ 的表达式为

$$b_{\lim}=-\frac{1-\mu\cos\omega T}{k_{c}R(1+\mu^{2}-2\mu\cos\omega T)} \tag{3.41}$$

由于已知再生型颤振的自振频率总是略高于机床结构某个失稳模态的固有频率[93],则可确定工艺系统以第 i 阶失稳模态进行颤振时频率 ω_i 的取值范围。将车削加工中的有关参数代入式(3.40)和式(3.41),即可求得 N 取值为0,1,2,…以及颤振频率为 ω_i 时,所对应的主轴转速 n 值和极限切削宽度 $b_{\lim}$ 值,据此可绘制出以机床主轴转速 n 为横坐标、以极限切削宽度 $b_{\lim}$ 为纵坐标的机床切削稳定性极限图。

图3.3所示即是按照上述方法得到的车削稳定性极限图,考虑到车削加工中常用的主轴转速范围,只给出了 $N=4\sim18$ 时所对应的稳定性极限图。图中耳垂型曲线表示切削稳定性极限,每转振痕数的整数部分 N 值与耳垂型曲线一一对应。切削稳定性极限曲线将切削过程划分为两个区域,曲线之上称为不稳定区域,曲线之下为稳定区域。当加工参数处于不稳定区域时,工艺系统将发生再生型颤振,当参数处于稳定区域时工艺系统是稳定的。

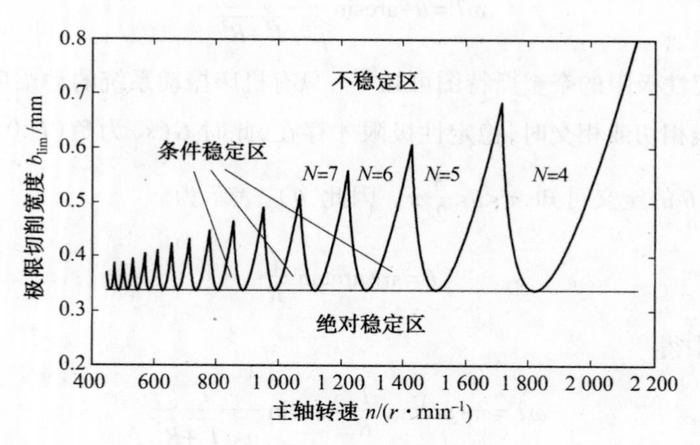

图3.3 车削稳定性极限图

图3.3所示的水平直线表示极限切削宽度的最小值 $b_{\min}$,即 $b_{\min}=\min\{b_{\lim}\}$。当切削宽度小于 $b_{\min}$ 时,无论采用任何主轴转速,切削过程均是稳定的,故 $b_{\min}$ 线以下的区域也称为绝对稳定区;相应的,极限切削宽度最小值曲线与切削稳定性极限曲线之间的部分称为条件稳定区。可以看到,稳定性极限图概念清晰、直观,可以方便地指导切削参数的选择,避免加工过程中出现再生型颤振。

3.4　机床结构和切削过程动态特性的试验识别

切削颤振是由于机床结构动态特性和切削过程动态特性之间相互作用而产生的。切削加工状态下的机床结构和切削过程构成了一个闭环系统,动态切削力 $F_d(t)$ 激起刀具与工件之间的相对振动 x_t,而 x_t 的存在又使得 $F_d(t)$ 变动,进一步激起 x_t。因此,决定切削稳定性的因素可分为两类:一类为机床结构动态特性,它决定了刀具与工件间的相对运动;另一类为切削过程动态特性,它决定了切削过程被扰动后产生的动态切削力。故要预测切削稳定性极限,需首先确定机床结构动态特性和切削过程动态特性。

此处采用试验模态分析方法测量机床结构的模态参数,包括式(3.12)中刀具振动的固有角频率 ω_t 和模态阻尼比 ξ_t,式(3.25)中工件振动的模态阻尼比为 ξ_i;采用稳态切削法识别表征切削过程动态特性的切削刚度系数为 k_c。

3.4.1　机床结构模态参数的识别

采用锤击法分别对刀架和工件进行模态试验,以确定两者在背向力作用方向的模态参数。由于提出的加工稳定性预测模型采用有限元方法计算工件振动的固有频率,故只需试验确定其阻尼比即可。

模态测试系统示意图如图 3.4 所示,所用设备与仪器如下:

(1)力锤:北京波谱公司生产,钢锤头,力传感器量程为 5 kN;

(2)加速度传感器:北京波谱公司生产,单向压电式加速度传感器;

(3)电荷放大器:北京测振仪器厂 DHF-4 型电荷放大器;

(4)数据采集系统:北京波谱 USB 数据采集仪;

(5)模态分析软件:北京波谱锤击测振系统软件。

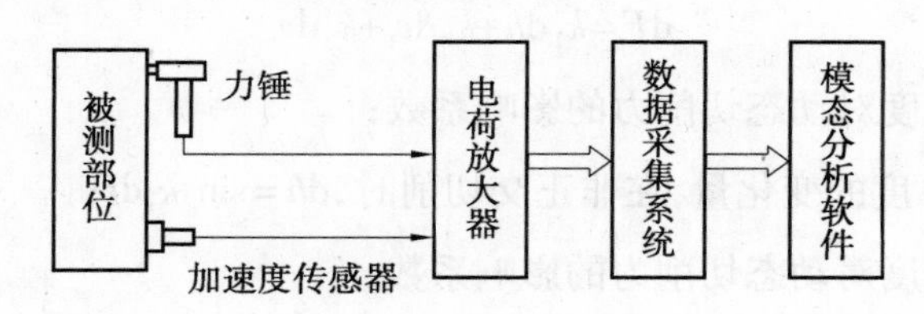

图 3.4　模态测试系统示意图

试验时,加速度传感器通过磁力座安装在被测部位上。当使用力锤敲击被测部位时,输入的激振力信号由力锤上的力传感器拾取,输出的振动响应信号由加速度传感器拾取,输入、输出信号经电荷放大器放大后,通过数据采集系统输入计算机,最后由模态分析软件处理后得到被测系统的模态参数。机床结构的模态试验结果见表 3.1。

表 3.1 机床结构模态试验结果

频率阶数	刀架		工件
	固有频率 ω_i/Hz	阻尼比 ξ_i/%	阻尼比 ξ_i/%
1	92.7	4.16	3.87
2	172.6	3.32	3.02
3	225.9	1.62	2.96

3.4.2 切削刚度系数的识别

1. 识别原理

在研究工艺系统切削稳定性的过程中,准确测量切削刚度系数 k_c 是一项重要工作。目前,确定切削刚度系数的方法可归纳为动态法和稳态法两类。

动态法采用动态切削试验直接测定或识别切削刚度系数,国内外许多大学和研究机构在这方面都进行了卓有成效的研究,并取得了一定的进展。但该方法试验量大,测试设备复杂,代价昂贵,故目前仅限于试验研究,难于在实际生产中推广应用。

稳态切削法是解决动态问题的间接方法,该方法以测量稳态切削分力为基础,从稳态切削数据中推出切削刚度系数,故容易实现,便于在实际生产中应用。且该方法能够给出切削刚度系数的解析式,便于分析各切削参数对切削刚度系数的影响,从而进一步分析切削参数对切削稳定性的影响。经试验证明这种方法是成功的[94]。

本书采用由 Tobias 和 Fishwick 提出的稳态切削试验法[95],通过三组稳态切削试验,测出稳态切削力系数 k_f、k_Ω 和 k_v,再推导出用稳态切削力系数表示的动态切削力公式。

车削加工中,动态切削力 dF 可以表示为

$$\mathrm{d}F=k_1\mathrm{d}h+k_2\mathrm{d}v_f+k_3\mathrm{d}v_c \tag{3.42}$$

式中 k_1——切削厚度对动态切削力的影响系数;

$\mathrm{d}h$——切削厚度的变化量,在非正交切削时,$\mathrm{d}h=\sin\kappa_r\mathrm{d}f$;

k_2——进给速度对动态切削力的影响系数;

$\mathrm{d}v_f$——进给速度的变化量,由 $v_f=\frac{\Omega}{2\pi}f$,则 $\mathrm{d}v_f=\frac{\Omega}{2\pi}\mathrm{d}f+\frac{f}{2\pi}\mathrm{d}\Omega$;

Ω——工件角速度,$\Omega=\frac{2\pi n}{60}$;

k_3——切削速度对动态切削力的影响系数;

dv_c——切削速度的变化量，由 $v_c=R\Omega$，则 $dv_c=Rd\Omega+\Omega dR$。

式(3.42)给出了动态切削力变化量的一般表达式，它同时考虑了切削厚度、进给速度及切削速度的变化对切削力的影响。式中动态系数 k_1、k_2 和 k_3 可在三组稳态切削试验的基础上确定，方法如下：

(1)k_f 的确定。

保持切削速度 v_c 不变(即工件转速 Ω 和工件半径 R 均为常数)，改变进给量 f，测出相应的稳态切削力 F，并作出 F-f 曲线。由曲线可以得到进给量变化 df 引起的切削力变化量 $dF=k_f df$，式中 k_f 为切削力的进给量系数，即 F-f 曲线的斜率。此时，$dh=\sin\kappa_r df$，$dv_f=\frac{\Omega}{2\pi}df$，$dv_c=0$，代入式(3.42)中可得

$$dF=k_f df=k_1 dh+k_2 dv_f=k_1\sin\kappa_r df+k_2\frac{\Omega}{2\pi}df \tag{3.43}$$

整理后得

$$k_1=\frac{k_f-\frac{\Omega}{2\pi}k_2}{\sin\kappa_r} \tag{3.44}$$

(2)k_Ω 的确定。

保持进给量 f 和工件半径 R 不变，改变工件角速度 Ω 以改变切削速度，测出相应的稳态切削力 F，并作出 F-v_c 曲线。由该曲线可以得到切削速度变化 dv_c 引起的切削力变化量 $dF=k_\Omega R d\Omega$，式中 k_Ω 为切削力的转速系数，可由 F-v_c 曲线的斜率求出。此时，$dh=0$，$dv_f=\frac{f}{2\pi}d\Omega$，$dv_c=Rd\Omega$，代入式(3.42)中可得

$$dF=k_\Omega R d\Omega=k_2\frac{f}{2\pi}d\Omega+k_3 R d\Omega \tag{3.45}$$

整理后得

$$k_2=\frac{2\pi R}{f}(k_\Omega-k_3) \tag{3.46}$$

(3)k_v 的确定。保持进给量 f 和工件角速度 Ω 不变，改变工件半径 R 以改变切削速度，测出相应的稳态切削力 F，并作出 F-v_c 曲线。由该曲线可以得到切削速度变化 dv_c 引起的切削力变化量 $dF=k_v\Omega dR$，式中 k_v 可由 F-v_c 曲线的斜率求出。此时，$dh=0$，$dv_f=0$，$dv_c=\Omega dR$，代入式(3.42)中可得

$$k_3=k_v \tag{3.47}$$

由机床动力学理论可知 $k_1=k_c b$，其中切削宽度 b 可表示为 $b=a_p/\sin\kappa_r$。将 $k_1=k_c b$，

$b=a_p/\sin\kappa_r$ 及式(3.46)、式(3.47)代入式(3.44)中,整理后即可得到切削刚度系数 k_c 的表达式为

$$k_c=\frac{k_f-\dfrac{\Omega R}{f}(k_\Omega-k_v)}{a_p} \tag{3.48}$$

2. 切削刚度系数的试验识别

根据以上介绍的识别方法,分别进行三组稳态切削试验以确定稳态切削力系数 k_f、k_Ω 和 k_v,进而由式(3.48)确定切削刚度系数 k_c。由于所建立的再生型颤振系统动力学模型中,只考虑径向切削力分量作用下的工件和刀具振动特性,故只需测量切削力的径向分力,并得到相应的稳态切削力系数即可。

切削试验在沈阳机床一厂生产的新式 CA6140A 普通车床上进行,使用 YT15 硬质合金可转位车刀加工 45 钢圆棒料,刀具的几何角度见表 3.2,工件材料的力学性能见表 3.3。切削力径向分量 F_p 由压电式测力仪(KISTLER 9257A)测量,测力仪的输出信号经电荷放大器(KISTLER 5007)进行放大处理后,通过 A/D 转换卡(PCI 8310)输入计算机。

表 3.2 试验用刀具的几何角度

主偏角 κ_r	副偏角 κ'_r	前角 γ_o	后角 α_o	刃倾角 λ_s
75°	15°	15°	5°	−5°

表 3.3 工件材料的力学性能

弹性模量 E/GPa	剪切模量 G/GPa	密度 ρ/(kg · m^{-3})	抗拉强度 σ_b/MPa
213	81	7.85×10^3	598

本章将测量不同背吃刀量下的切削刚度系数 k_c,考虑到细长轴加工时背吃刀量取值较小这一特点,确定背吃刀量 a_p 可取 0.1 mm,0.3 mm,0.5 mm。图 3.5 ~ 3.7 所示分别为 a_p=0.5 mm 时确定 k_f、k_Ω 和 k_v 所得到的试验值和拟合曲线。不同背吃刀量下稳态切削力系数的回归方程及其相关系数检验结果见表 3.4,相关系数检验结果显示,获得的回归方程均具有良好的置信度。

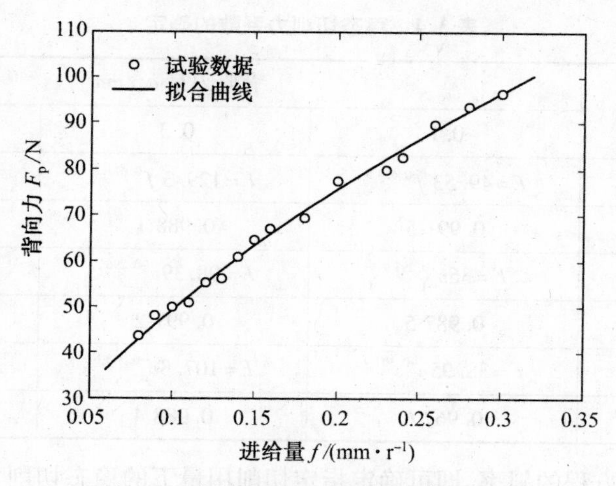

图 3.5　确定 k_f 的试验数据及拟合曲线

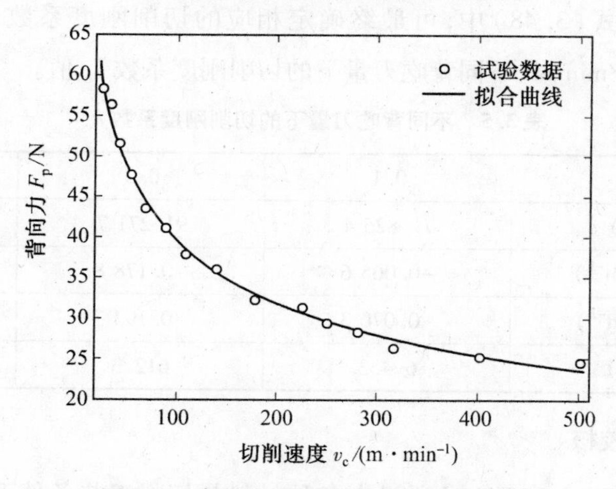

图 3.6　确定 k_Ω 的试验数据及拟合曲线

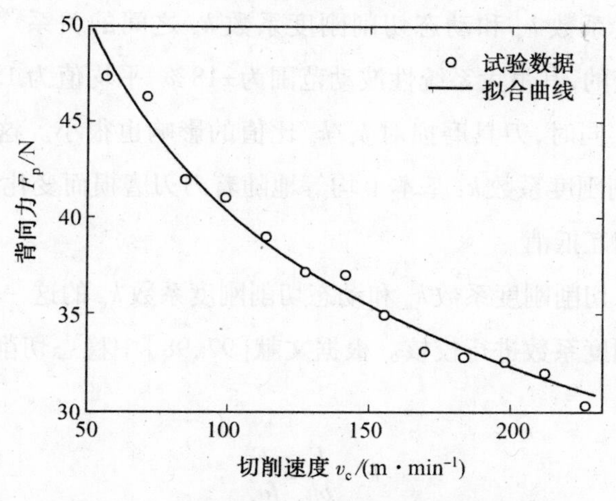

图 3.7　确定 k_v 的试验数据及拟合曲线

表 3.4　稳态切削力系数的确定

稳态切削力系数		背吃刀量 a_p/mm		
		0.1	0.3	0.5
k_f	回归方程	$F=49.53f^{0.6545}$	$F=129.3f^{0.6277}$	$F=200.4f^{0.6069}$
	相关检验 R^2	0.991 5	0.988 1	0.993 3
k_Ω	回归方程	$F=36v_c^{-0.2919}$	$F=98.39v_c^{-0.2963}$	$F=173.4v_c^{-0.3209}$
	相关检验 R^2	0.987 5	0.991 2	0.995
k_v	回归方程	$F=38.95v_c^{-0.3079}$	$F=107.8v_c^{-0.3136}$	$F=179.1v_c^{-0.3239}$
	相关检验 R^2	0.967 6	0.988 4	0.982 6

通过计算回归方程的斜率，即可确定指定切削用量下的稳态切削力系数 k_f、k_Ω 和 k_v。将获得的系数代入式(3.48)中，可最终确定相应的切削刚度系数 k_c。表 3.5 为 $f=0.1$ mm/r，$v_c=51$ m/min 时，不同背吃刀量下的切削刚度系数 k_c 值。

表 3.5　不同背吃刀量下的切削刚度系数 k_c

a_p/mm	0.1	0.3	0.5
k_f/(N · mm^{-1})	71.825 4	91.271 7	300.687 1
k_Ω/(N · min^{-1} · m^{-1})	−0.065 6	−0.178 8	−0.309 8
k_v/(N · min^{-1} · m^{-1})	−0.070 3	−0.193 7	−0.319 2
k_c/(N · mm^{-2})	694.3	612.3	591.8

3. 识别结果的校核

德国著名学者 Weck 和 Teipel 通过在各种材料与切削工艺条件下进行的抽样试验，研究了稳态切削刚度系数 k_s 和动态切削刚度系数 k_c 之间的关系[96]。结果显示，比值 k_s/k_c 几乎是恒定不变的，其最大系统性波动范围为±18%，平均值为 1.7，且与材料及各种切削工艺条件无关。同时，刀具磨损对 k_s/k_c 比值的影响也很小。这是因为稳态切削刚度系数 k_s 和动态切削刚度系数 k_c 基本上均等地随着刀刃磨损而变化，因此在构成比值时各个值的分散范围相互抵消。

本研究利用稳态切削刚度系数 k_s 和动态切削刚度系数 k_c 的这一比值关系，对上述通过试验得出的切削刚度系数进行校核。根据文献[97,98]中稳态切削刚度系数的定义则有

$$k_s=\frac{F}{bh}=\frac{F}{fa_p} \tag{3.49}$$

利用式(3.49)，即可确定与 k_c 相对应的 k_s 值。切削刚度系数 k_c 的校核结果见表

3.6,由此可知,试验确定的 k_s 和 k_c 的比值非常接近1.7,波动范围小于5%,故求得的切削刚度系数 k_c 具有良好的精度。

表3.6　切削刚度系数 k_c 的校核

a_p/mm	0.1	0.3	0.5
k_c/(N·mm^{-2})	694.3	612.3	591.8
k_s/(N·mm^{-2})	1154.9	995.8	998.0
k_s/k_c	1.663 4	1.626 3	1.686 4

3.5　车削加工稳定性极限的预测

3.5.1　工件-夹具振动特性的有限元求解

此处将采用有限元方法求解工件-夹具振动的固有频率和对应的模态参数,为切削稳定性分析提供数据。

1. 单元选择

文献[99]采用Timoshenko梁理论建立了回转细长轴的弯曲振动模型,并使用积分变换法求得模型的封闭解。其仿真结果显示,在常用转速范围内,转速对工件变形量的影响很小。因此,将忽略工件回转运动对振动的影响,采用考虑剪切变形影响的梁单元对工件-夹具振动进行建模,其单元刚度矩阵为

$$k_i=\frac{EI_i}{l_i^3(1+\varphi_i)}\begin{bmatrix}12 & 6l_i & -12 & 6l_i \\ & (4+\varphi_i)l_i^2 & -6l_i & (2-\varphi_i)l_i^2 \\ & & 12 & -6l_i \\ \text{SYM.} & & & (4+\varphi_i)l_i^2\end{bmatrix} \tag{3.50}$$

式中　E——工件材料的杨氏弹性模量,Pa;

I_i——单元 i 的截面惯性矩,m^4;

l_i——单元 i 的长度,m;

φ_i——单元 i 的横截面剪切变形参数。

对于梁这样的柔性单元,采用一致质量矩阵建模会得到比集中质量矩阵更精确的计算结果。因此,本书采用一致质量矩阵计算工件-夹具振动系统的模态参数,其单元质量矩阵 m_i 为

$$m_i = \frac{\rho A_i l_i}{420} \begin{bmatrix} 156 & 22l_i & 54 & -13l_i \\ & 4l_i^2 & 13l_i & -3l_i^2 \\ & & 156 & -22l_i \\ \text{SYM.} & & & 4l_i^2 \end{bmatrix} \tag{3.51}$$

式中　ρ——工件材料的密度，kg/m³；

A_i——单元 i 的横截面面积，m²；

l_i——单元 i 的长度，m。

2. 单元个数确定

为确定切削稳定性分析中所需的梁单元个数，采用商用有限元软件 ANSYS 计算工件-夹具振动系统的固有频率，并将其作为参照值。分析中，工件为阶梯轴，并采用卡盘-顶尖装夹，卡盘端工件的直径为 $D_1 = 36$ mm，长度 $L_1 = 375$ mm，顶尖端工件直径 $D_2 = 24$ mm，长度 $L_2 = 375$ mm。计算过程中所用工件材料的力学性能见表 3.3，工艺系统刚度测量值见表 3.7。

表 3.7　工艺系统刚度的测量值

k_{hx}/(N·mm⁻¹)	k_{rx}/(N·mm·rad⁻¹)	k_{cx}/(N·mm⁻¹)	k_{tx}/(N·mm⁻¹)
28.2×10^4	8.22×10^7	4.02×10^4	3.53×10^4

工件-夹具振动固有频率的计算结果见表 3.8。从表中可以看出，所编制的稳定性分析程序使用 20 个梁单元计算得到的固有频率值，与商业有限元软件计算得到的数值具有非常好的一致性，两者的相对差值小于 3%。因此，采用 20 个以上的梁单元进行切削稳定性分析即可满足精度要求。

表 3.8　工件-夹具振动的固有频率

频率阶数	ANSYS 程序			稳定性分析程序			相对差值
	50 单元	100 单元	200 单元	10 单元	20 单元	30 单元	
1/(rad·s⁻¹)	755.9	755.7	755.7	751.7	751.7	751.7	0.5%
2/(rad·s⁻¹)	2 518.2	2 517.4	2 517.4	2 475.8	2 475.3	2 475.3	1.7%
3/(rad·s⁻¹)	4 321.1	4 319.9	4 319.9	4 204.9	4 202.6	4 202.3	2.8%

3.5.2　预测实例

此处将通过数值仿真给出车削加工稳定性分析的预测实例。仿真中所用工件材料的力学性能和工艺系统刚度分别见表 3.3 和表 3.7；机床结构和切削过程动力学参数见表

3.9。

表 3.9　机床结构和切削过程动力学参数

刀架模态参数		工件阻尼比	切削过程动力学参数	
ω/Hz	ξ/%	ξ_i/%	μ	k_c/(N·mm^{-2})
92.7	5.16	$\xi_1=\xi_2=\xi_3=4$	1	600

1. 不同失稳模态下的稳定性极限图

当工艺系统发生颤振失稳时，其颤振频率总是略高于机床结构某个失稳模态的固有频率。虽然工艺系统有多个模态，但在系统失稳发生颤振时，往往是某个模态起主导作用。因此，必须确定加工过程中产生颤振失稳时的主导模态，才能准确地得出切削稳定性极限值。

如图 3.8 所示给出了等截面轴($D=36$ mm，$L=750$ mm)采用卡盘–顶尖装夹，且切削点位于工件中点($z=0.5L$)时，工艺系统在不同失稳模态下的切削稳定性极限图。由图可知，工艺系统按照工件–夹具振动系统二阶固有频率发生颤振时的极限切削宽度值远大于按照一阶固有频率发生颤振时的极限切削宽度值。当工艺系统按照二阶固有频率进行颤振时，其最小极限切削宽度 $b_{\min}=5.859\ 6$ mm，而按照一阶固有频率进行颤振时 $b_{\min}=0.338\ 6$ mm，仅为前者的 1/17。

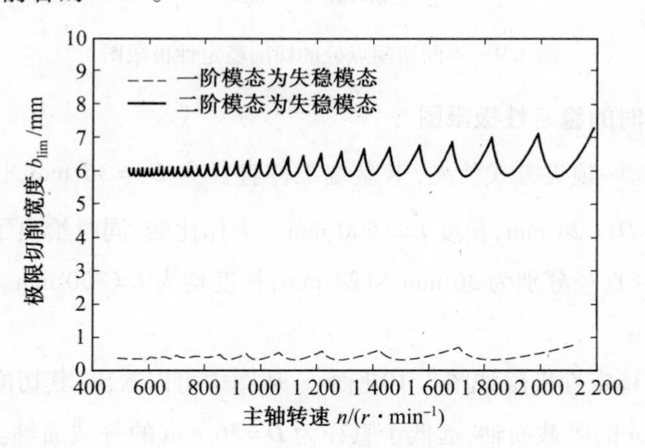

图 3.8　不同失稳模态的切削稳定性极限图

因此，虽然理论上工艺系统可以按照工件–夹具振动系统的高阶固有频率产生颤振失稳现象，但实际生产中这种情况很难发生，起主导作用的仍是主振系统的一阶模态。故预测工艺系统的极限切削宽度 $b_{\lim}$ 时，只需按照工件–夹具振动的一阶固有频率进行计算即可，下面所有的极限切削宽度均是采用主振系统的 1 阶固有频率计算得到的。

2. 不同切削点处的稳定性极限图

由于细长轴的刚度呈不均匀分布，因此加工过程中工件的振动特性是随切削点位置而变化的，从而导致不同切削点处的极限切削宽度亦不相同。图 3.9 所示为等截面轴（$D=36$ mm，$L=750$ mm）采用卡盘–顶尖装夹时，不同切削点处的切削稳定性极限图。从图中可以看出，工件中部的极限切削宽度值最小，靠近卡盘端处的极限切削宽度值最大，这一结果是与工艺系统刚度的分布特点相一致的。在细长轴加工过程中，工件中部刚度最低，振动剧烈，切削稳定性差；工件两端由于有夹具的支撑作用，刚度值远大于工件中部，故切削稳定性优于工件中部，且卡盘刚度大于顶尖刚度，卡盘端的加工稳定性最好。

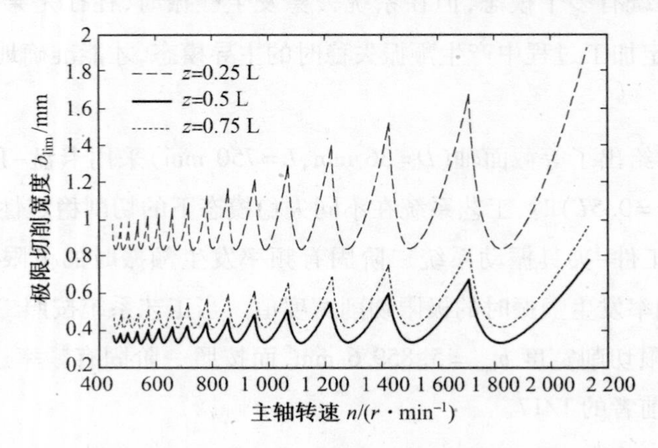

图 3.9　不同切削点处的切削稳定性极限图

3. 阶梯轴加工时的稳定性极限图

阶梯轴采用卡盘–顶尖方式装夹，卡盘端工件直径为 $D_1=36$ mm，长度 $L_1=250$ mm，顶尖端工件直径为 $D_2=24$ mm，长度 $L_2=500$ mm。为作比较，同时给出了两个等截面轴的切削稳定性极限，其直径分别为 36 mm 和 24 mm，长度均为 $L=750$ mm。分析中切削点位置均为 $z=0.5L$。

阶梯轴的切削稳定性极限如图 3.10 所示。从图中可以看出，其切削稳定性极限略高于直径为 $D=24$ mm 的等截面轴，远低于直径为 $D=36$ mm 的等截面轴。3 种不同几何尺寸工件的固有频率值见表 3.10，阶梯轴工件的 1 阶固有频率亦介于两等截面轴之间。

表 3.10　阶梯轴在卡盘–顶尖装夹下的固有频率

工件几何尺寸	1 阶	2 阶	3 阶
$D=36$ mm	872.1	2 217.2	4 212.0
$D_1=36$ mm，$D_2=24$ mm	803.1	2 219.0	4 177.2
$D=24$ mm	755.5	2 256.5	4 104.2

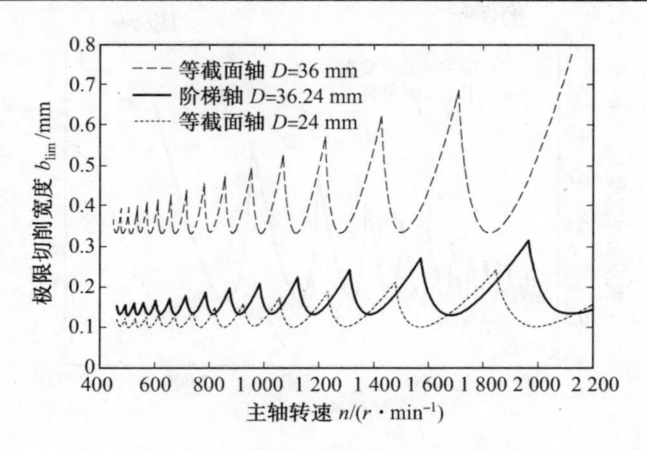

图 3.10　阶梯轴的切削稳定性极限图

3.6　车削加工稳定性的影响因素分析

影响细长轴车削加工稳定性的主要因素包括工件的装夹方式、跟刀架的使用及其刚度、主振系统阻尼比、切削刚度系数和重叠系数，故将采用数值仿真方法研究上述参数对加工稳定性的影响情况，为改善细长轴的加工稳定性、优化切削参数提供依据。采用单因素法，即分别改变某一参数进行仿真分析，以确定这些因素对切削稳定性的影响规律。分析中所用工件均为 $D=36$ mm、$L=750$ mm 的等截面轴，其他参数与预测实例中所用参数相同。

3.6.1　装夹方式对加工稳定性的影响

在细长轴车削加工中，主要采用卡盘-顶尖和顶尖-顶尖两种方式装夹工件，故将分析两种装夹方式对细长轴加工稳定性的影响。在如图 3.1 所示的车削加工颤振系统动力学模型中，工件采用卡盘-顶尖装夹，若取消卡盘抗弯刚度 k_{rx} 对工件的限制，令 $k_{rx}=0$，则该模型即转变为顶尖-顶尖装夹方式。

图 3.11 所示为切削点 $z=0.5L$ 时两种装夹方式下的稳定性极限图。采用卡盘-顶尖装夹时的极限切削宽度最小值 $b_{min}=0.338\ 6$ mm，采用顶尖-顶尖装夹时 $b_{min}=0.229\ 6$ mm。由图可知，采用卡盘-顶尖装夹时的极限切削宽度几乎在所有主轴转速范围内均大于顶尖-顶尖装夹时的极限切削宽度，即采用卡盘-顶尖方式装夹细长轴可以使工艺系统获得更好的切削稳定性。

由于细长轴上不同切削点处的极限切削宽度值不同，为考查整个加工路径上的切削稳定性，可分别计算出不同切削点上的极限切削宽度最小值 b_{min}，得到图 3.12 所示的极

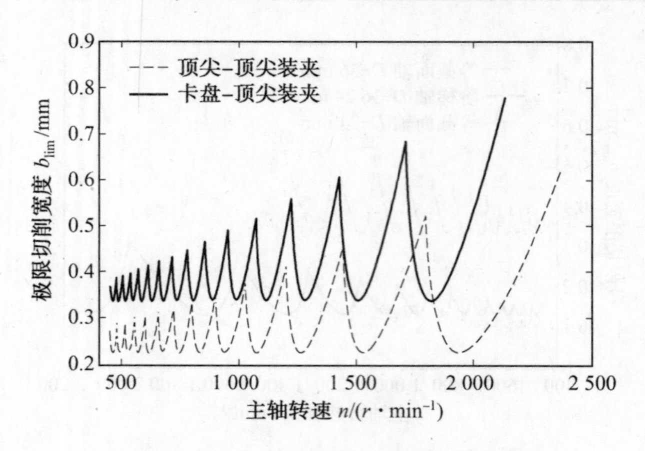

图 3.11　工件装夹方式对加工稳定性的影响

限切削宽度最小值曲线。从图中可以看出,采用卡盘-顶尖装夹时的 b_{min} 值在整个加工路径上均大于顶尖-顶尖装夹时的 b_{min} 值。

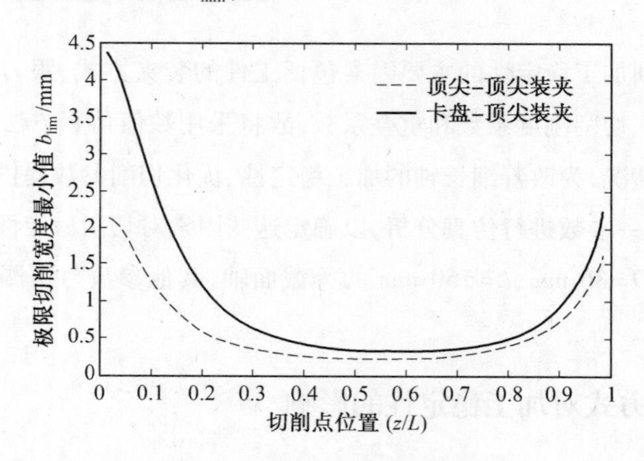

图 3.12　极限切削宽度最小值曲线

在细长轴加工中,工件的弯曲振动是导致切削过程中切削厚度发生动态变化、进而产生颤振失稳现象的主要原因。当采用卡盘-顶尖方式装夹工件时,卡盘的抗弯刚度 k_{rx} 抑制了工件的弯曲振动,故可提高工艺系统的切削稳定性。

3.6.2　跟刀架对加工稳定性的影响

跟刀架作为细长轴车削加工的重要辅具,直接影响工件的振动特性,进而影响到工艺系统的稳定性。因此,有必要定量研究跟刀架对细长轴切削稳定性的影响,以指导跟刀架的使用。

图 3.13 所示为使用跟刀架车削细长轴的颤振系统动力学模型。模型中,跟刀架对工件的支撑作用由平动弹簧 k_{mx} 表示,其值可由试验测得;l_c 表示跟刀架与刀具之间的距离,

该值在整个加工过程中保持恒定；其他参数与图 3.1 中所示相同。基于上述模型，即可得到跟刀架对细长轴切削稳定性的影响情况。

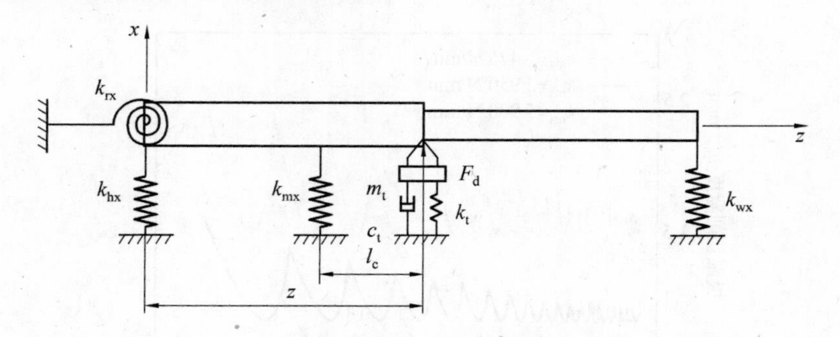

图 3.13　使用跟刀架车削细长轴的颤振系统动力学模型

图 3.14 所示为使用跟刀架车削细长轴时的切削稳定性极限，其中切削点位置为 $z = 0.5L$，$k_{mx} = 2.95 \times 10^3$ N/mm，$l_c = 20$ mm。由图可知，采用卡盘-顶尖装夹时 $b_{min} = 0.8194$ mm，而采用顶尖-顶尖装夹时 $b_{min} = 0.6802$ mm，仍小于前者。

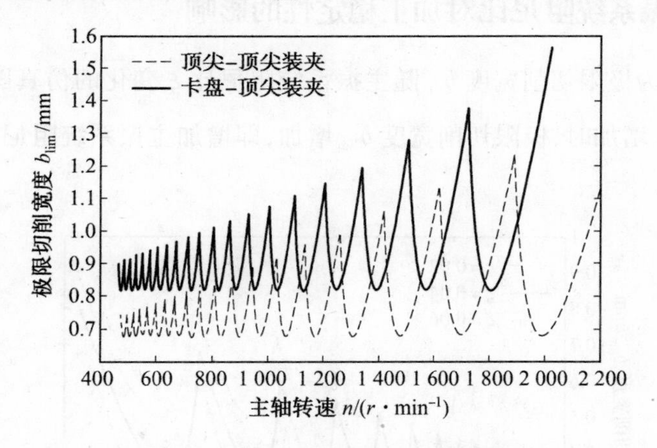

图 3.14　跟刀架对加工稳定性的影响

比较图 3.14 和图 3.11 可知，跟刀架显著改善了工艺系统的切削稳定性，将极限切削宽度提高了 2 倍以上。表 3.11 所示为跟刀架对工件-夹具振动系统固有频率的影响情况，从表中可以看出，跟刀架对工件的支撑作用使主振系统的 1 阶固有频率明显提高。

表 3.11　跟刀架对工件-夹具振动系统固有频率的影响

频率阶数	未使用跟刀架		使用跟刀架	
	顶尖-顶尖装夹	卡盘-顶尖装夹	顶尖-顶尖装夹	卡盘-顶尖装夹
$1/(rad \cdot s^{-1})$	732.8	872.1	1 155.9	1 229.5
$2/(rad \cdot s^{-1})$	2 128.5	2 217.2	2 175.2	2 280.9
$3/(rad \cdot s^{-1})$	4 155.6	4 212.0	4 177.2	4 177.2

图 3.15 所示为跟刀架 x 方向刚度 k_{mx} 对加工稳定性的影响情况。由图可知，随着 k_{mx} 的增加，极限切削宽度 b_{lim} 显著增加，细长轴加工系统的切削稳定性明显提高。

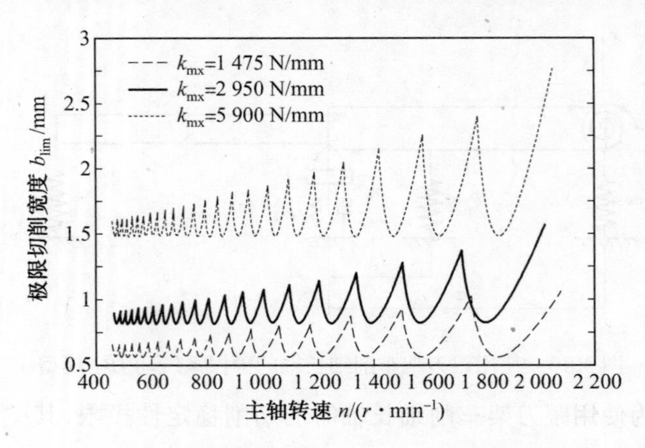

图 3.15　跟刀架刚度对加工稳定性的影响

3.6.3　主振系统阻尼比对加工稳定性的影响

图 3.16 所示为极限切削宽度 b_{lim} 随主振系统阻尼比 ξ 变化的仿真图。由图可知，当主振系统阻尼比 ξ 增加时，极限切削宽度 b_{lim} 增加，即增加主振系统阻尼能够改善加工过程的切削稳定性。

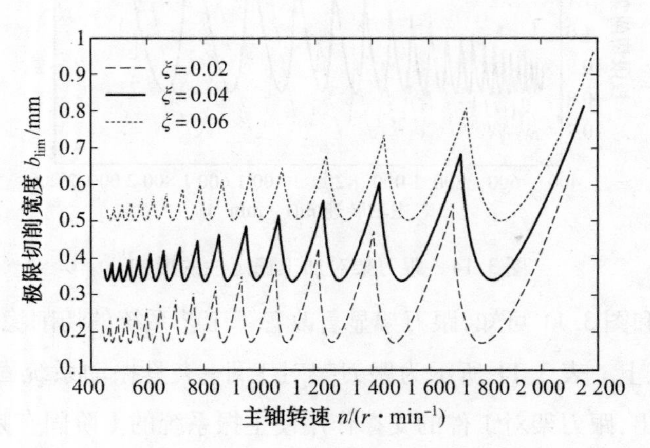

图 3.16　限尼比 ξ 对加工稳定性的影响

3.6.4　切削刚度系数对加工稳定性的影响

图 3.17 所示为极限切削宽度 b_{lim} 随切削刚度系数 k_c 变化的仿真图。由图可知，当切削刚度系数 k_c 减小时，极限切削宽度 b_{lim} 增加，且切削稳定性极限曲线的形状发生较大变化，相邻两耳垂形曲线之间形成的条件稳定区域明显扩大，这为切削参数的选择提供了更

大的余地。因此,减小切削刚度系数能够改善加工过程的切削稳定性。

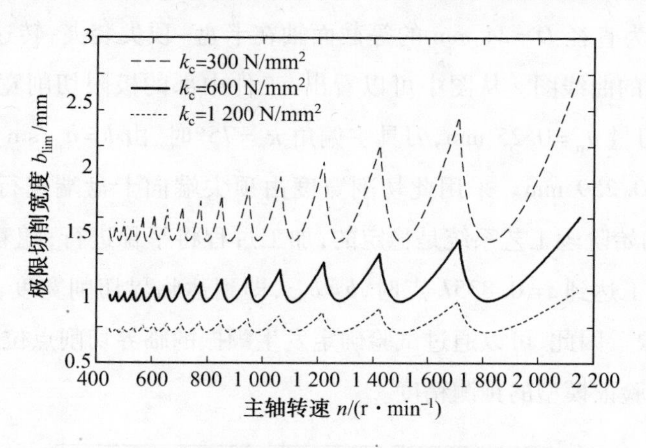

图 3.17　切削刚度系数 k_c 对加工稳定性的影响

3.6.5　重叠系数对加工稳定性的影响

图 3.18 所示为极限切削宽度 b_{lim} 随重叠系数 μ 变化的仿真图。由图可知,当重叠系数 μ 减小时,极限切削宽度 b_{lim} 增加,即减小重叠系数 μ 能够改善加工过程的切削稳定性。

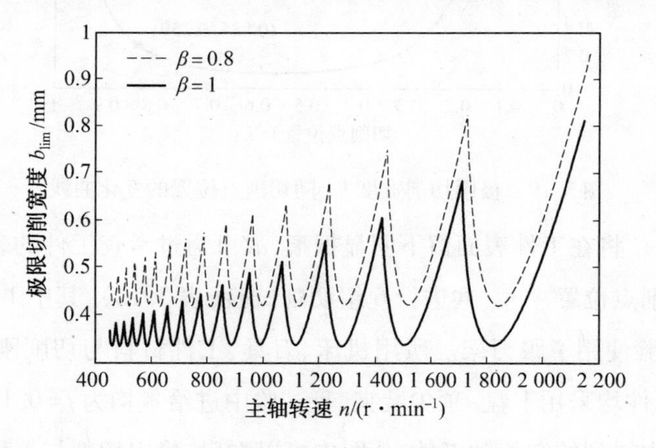

图 3.18　重叠系数 μ 对加工稳定性的影响

3.7　切削稳定性极限预测模型的试验验证

3.7.1　试验验证

由于细长轴的刚度呈不均匀分布,造成加工过程中工艺系统振动特性随切削点的位置而变化,从而使极限切削宽度 b_{lim} 亦随切削点 z/L 的位置而变化。利用细长轴加工中的这一特性，可以验证切削稳定性极限预测模型的有效性。

图 3.19 所示为直径 $D=24$ mm 的等截面轴在卡盘–顶尖装夹，转速为 $n=450$ r/min 时，b_{lim}随 z/L 变化的曲线图。从图中可以看出，工件中部的极限切削宽度值明显小于工件两端。当背吃刀量 $a_p=0.25$ mm，刀具主偏角 $\kappa_r=75°$时，由 $b=a_p/\sin\kappa_r$ 可计算出相应的切削宽度为 $b=0.259$ mm。采用此切削宽度由顶尖端向卡盘端进行加工时，由于 $b<b_{lim}$，故在加工的初始阶段工艺系统是稳定的，加工过程将平稳进行；随着加工的继续，b_{lim} 值逐渐减小，当加工达到 $z=0.835L$ 点时，$b=b_{lim}$，即到达临界切削宽度，工艺系统将随之产生颤振失稳现象。因此，可以通过试验确定发生颤振的临界切削点位置，与模型的预测结果进行比较，以验证模型的预测精度。

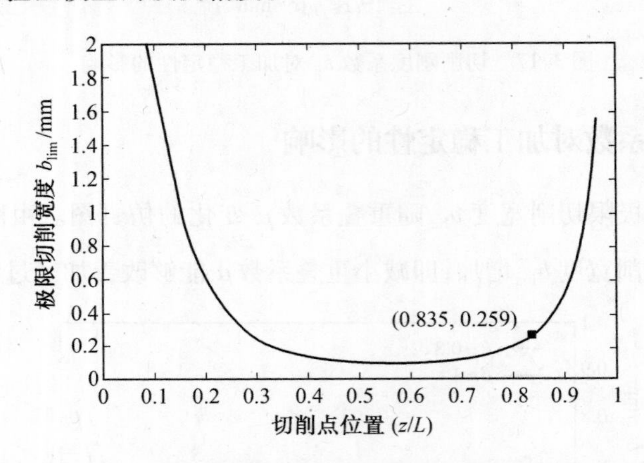

图 3.19　极限切削宽度 b_{lim}随切削点位置的变化曲线

当颤振发生时，将在工件表面留下明显振痕，故可通过考查工件的表面质量来判断发生颤振的临界切削点位置[100]。共进行 6 组切削试验（表 3.12），其中 1～4 组试验未使用跟刀架，5、6 组试验使用了跟刀架。所用机床、刀具、工件材料与切削刚度系数 k_c识别试验中完全相同，工件均采用卡盘–顶尖装夹，且试验中进给量均为$f=0.1$ mm/r。图3.20所示为第 1 组试验中得到的细长轴工件，从图中可以看出，稳定切削与不稳定切削间存在清晰的界限，当加工进入颤振区域时，出现了明显的切削振痕。测量临界切削点的相对位置，并与预测值进行比较，即可得出细长轴切削稳定性模型的预测精度。

全部试验结果及其与预测值的比较见表 3.12，由表可知，切削稳定性模型的预测值与试验值具有较好的一致性，其最大预测误差小于 15%，故提出的切削稳定性预测模型具有良好的预测精度，完全可用于实际生产的预测并指导切削用量的选择。

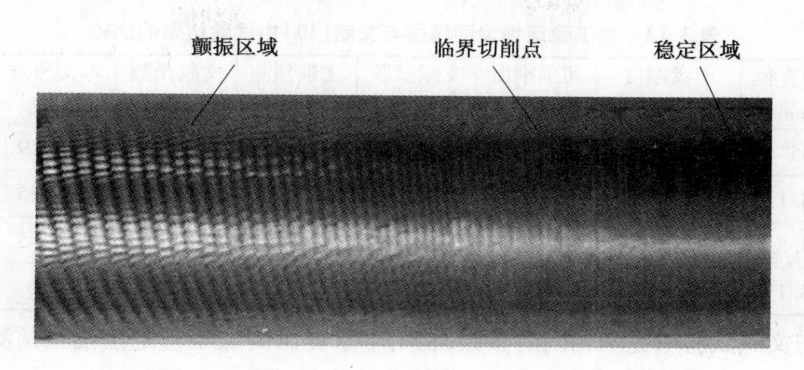

图 3.20　细长轴切削稳定性试验中获得的颤振振痕照片

表 3.12　加工稳定性预测模型的试验验证

序号	工件直径 /mm	工件长度 /mm	主轴转速 /(r·min^{-1})	背吃刀量 /mm	试验值 (z/L)	预测值 (z/L)	预测误差 /%
1	$D=16$	$L=500$	450	0.1	0.673	0.709	5.3
2	$D=16$	$L=500$	800	0.1	0.599	0.654	9.2
3	$D=24$	$L=750$	450	0.25	0.763	0.835	9.4
4	$D=24$	$L=750$	800	0.2	0.727	0.784	7.8
5	$D=16$	$L=500$	630	0.75	0.566	0.636	12.4
6	$D=24$	$L=750$	630	0.75	0.575	0.626	8.9

3.7.2　模型预测值与文献试验结果的比较

为进一步验证车削加工稳定性预测模型的有效性，将预测结果与文献[10]中的试验结果进行比较分析。文献中，美国学者 Lu 和 Klamecki 通过切削试验来确定发生颤振的切削点位置，以验证其稳定性极限预测模型的有效性。切削时采用卡盘-悬臂方式装夹工件，刀具由卡盘端向悬臂端走刀，随着加工的进行，工件刚度逐渐降低，振动加剧，最终将产生颤振。记录工件发生颤振的切削点位置，以便与模型预测结果进行比较。文献中共进行了 4 次切削试验，所用主轴转速均为 $n=489$ r/min，工件长度均为 $L=381$ mm，工件的材料特性为 $\rho=7\ 700$ kg/m^3，$E=207$ GPa，$G=77.6$ GPa，试验中所用工件的直径、卡盘刚度、切削刚度值见表 3.13。

表 3.13　加工稳定性预测模型与文献[10]中试验结果的比较

序号	工件直径/mm	卡盘刚度/(Nm·rad^{-1})	切削刚度/(N·m^{-1})	文献试验值(z/L)	文献预测值(z/L)	文献预测误差/%	本文预测值(z/L)	本文预测误差/%
1	35	82 351	124 367	0.434	0.401	−7.6	0.460 9	6.2
2	38.1	86 842	124 367	0.466	0.416	−10.73	0.492 5	5.7
3	44.5	88 610	124 367	0.500	0.440	−12	0.537 5	7.5
4	38.1	86 150	156 773	0.428	0.390	−8.87	0.455	6.3

采用与文献试验中完全相同的参数,利用本章提出的加工稳定性模型预测发生颤振的切削点位置,并与试验值进行比较,结果见表 3.13。由表可知,本章模型的预测精度高于文献中模型,预测误差小于 8%,这进一步验证了本书提出的车削加工稳定性预测模型的有效性。

3.8　提高车削加工稳定性的措施

3.8.1　选择合理的切削用量

1. 主轴转速与背吃刀量的选择

由切削稳定性极限图中曲线的形状可知,极限切削宽度 b_{lim} 对主轴转速 n 非常敏感,n 的少量变化即会引起 b_{lim} 的剧烈变化。因此,选择合理的主轴转速 n 对提高加工过程的稳定性和提高生产效率具有重要意义。

现以采用卡盘–顶尖装夹方式加工阶梯轴为例,说明主轴转速和背吃刀量的选择过程。阶梯轴工件靠近卡盘端的直径 $D_1 = 36$ mm,长度 $L_1 = 375$ mm,顶尖端直径 $D_2 = 24$ mm,长度 $L_2 = 375$ mm。

由于工件不同切削点处所对应的极限切削宽度值不同,为保证整个加工过程的平稳性,必须找出加工路径上稳定性最薄弱的切削点位置,并以该点处的稳定性极限图作为切削用量的选择依据。若工艺系统在最薄弱的切削点处均能保持稳定切削,则在整个加工过程中工艺系统将保持稳定。为确定稳定性最薄弱的切削点位置,分别计算出不同切削点处的极限切削宽度最小值 b_{min},得到图 3.21 所示的极限切削宽度最小值曲线。由图可知,切削点 $z=0.6L$ 处的极限切削宽度最小值 $b_{min}=0.128\ 6$ mm 为最小,则切削点 $z=0.6L$ 即为稳定性最薄弱的切削点位置。

图 3.22 所示为切削点 $z=0.6L$ 时的稳定性极限图,将根据该图进行主轴转速和背吃刀量的选择。选择原则是在保证切削稳定性的前提下,充分利用极限切削宽度 b_{lim} 对主轴

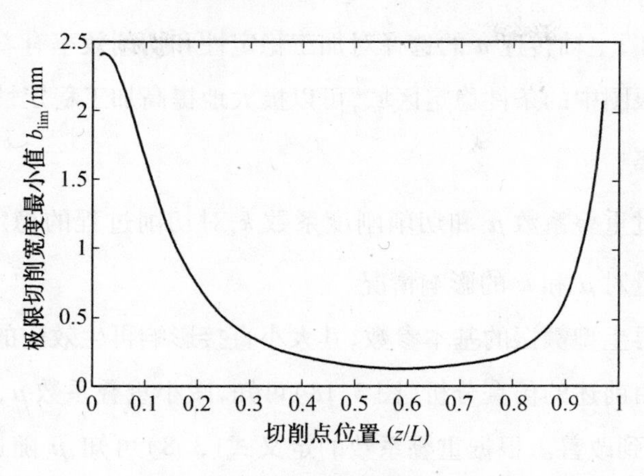

图 3.21　极限切削宽度最小值曲线

转速 n 敏感的特点,选择较大的极限切削宽度和对应的主轴转速范围,以提高加工效率。如图 3.22 所示,在条件稳定区域内,相邻两耳垂形曲线交点处的极限切削宽度值 b_{lim} 明显大于极限切削宽度最小值 b_{min}。例如,当主轴转速 n 取值为 689 ~ 700 r/min、954 ~ 971 r/min、1 285 ~ 1 311 r/min 时,b_{lim} 值最小,仅为 0.13 mm,故这些转速区域应尽量避开;而当 n 取值为 737 r/min 时,b_{lim} = 0.178 mm,是 b_{min} 的 1.4 倍;当 n 取值为 1 055 r/min 时,b_{lim} = 0.215 mm,是 b_{min} 的 1.67 倍;当 n 取值为 1 475 r/min 时,b_{lim} = 0.263 mm,是 b_{min} 的 2 倍。因此,加工中应优先选择耳垂形曲线交点处所对应的主轴转速和相应的切削宽度。对于稳定性极限图中主轴转速较低的部分,由于对应的条件稳定区域较小,且对极限切削宽度的提高作用并不明显,为稳妥起见,应使切削宽度小于极限切削宽度最小值 b_{min}。最后,由背吃刀量与切削宽度的关系式 $a_p = b\sin\kappa_r$,即可确定保持稳定切削时许用的最大背吃刀量值。

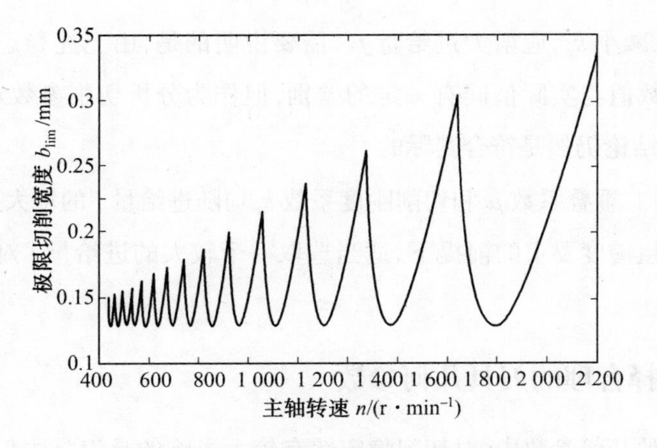

图 3.22　稳定性最薄弱点处的稳定性极限图

由上述分析可知，主轴转速 n 的选择对加工稳定性和切削效率有着至关重要的影响。充分利用稳定性极限图中的条件稳定区域，可以极大地提高加工稳定性和生产效率。

2. 进给量的选择

进给量主要通过重叠系数 μ 和切削刚度系数 k_c 对切削过程的稳定性产生影响。下面将分别讨论进给量对 μ 和 k_c 的影响情况。

重叠系数 μ 是再生型颤振的基本参数，其大小直接影响再生效应的大小，从而影响机床切削的稳定性。由前述的仿真分析（图 3.18）可知，减小重叠系数 μ，极限切削宽度 b_{lim} 增加，加工稳定性得到改善。根据重叠系数的定义式（3.8）可知，μ 随进给量的增大而减小。

切削刚度系数 k_c 是重要的切削过程动力学参数之一。由式（3.41）和图 3.17 可知，减小切削刚度系数 k_c，即减小单位切削厚度变化所产生的动态切削力，会使切削厚度变化效应减小，极限切削宽度 b_{lim} 增加。同时，减小 k_c 将使相邻两耳垂形曲线之间形成的条件稳定区域明显扩大，为切削参数选择提供更大的余地。

根据动态切削刚度系数 k_c 的定义，有

$$k_c = \frac{1}{b}\frac{dF}{dh} \tag{3.52}$$

在切削原理中，通常使用的稳态切削力公式为

$$F = C_F b h^{0.75} \tag{3.53}$$

将式（3.53）和 $h = f\sin\kappa_r$ 代入式（3.52）中，得

$$k_c = 0.75 C_F (f\sin\kappa_r)^{-0.25} \tag{3.54}$$

可以看到，欲减小 k_c，应增大进给量 f。需要说明的是，由上述稳态切削力公式计算出的切削刚度系数值与实际值间有一定的差别，但作为分析切削参数对颤振的影响，式（3.54）所得出的结论仍然是符合实际的[95]。

综上分析可知，重叠系数 μ 和切削刚度系数 k_c 均随进给量 f 的增大而减小，故在满足指定的加工表面粗糙度要求的前提下，适当选取一个较大的进给量 f 对提高加工过程的稳定性是有利的。

3.8.2　选择合理的刀具几何参数

在刀具的各种几何参数中，对切削稳定性有较大影响的是刀具主偏角 κ_r 和前角 γ_o，合理选择 κ_r 和 γ_o 可以有效地提高切削过程的稳定性。

主偏角 κ_r 主要通过重叠系数 μ 和切削刚度系数 k_c 对切削过程的稳定性产生影响。由重叠系数的定义式(3.8)可知,增大主偏角 κ_r 可减小重叠系数 μ。在细长轴车削加工中,工件的弯曲振动是产生切削振纹的主要原因,其主振方向垂直于工件的轴心。当使用主偏角 $\kappa_r=90°$ 的车刀进行加工时,主切削刃与振动方向平行,此时对提高工艺系统的稳定性最为有利。同时,由式(3.53)可知,增大刀具主偏角可减小切削刚度系数 k_c。

刀具前角 γ_o 对切削刚度系数 k_c 有较大的影响。由切削原理可知,增大刀具前角将使切削影响系数 C_F 减小,从而减小切削刚度系数 k_c。

综上所述,适当增大刀具的主偏角 κ_r 和前角 γ_o 可以有效改善细长轴车削加工的切削稳定性。

第4章 车削加工误差建模及其试验研究

4.1 引 言

一般的，机械加工误差包括尺寸误差、形状误差、位置误差3个方面，其中形状误差和位置误差统称几何误差。对于外圆车削加工而言，尺寸误差即工件横截面直径的尺寸误差；形状误差主要包括工件截面轮廓的圆度误差、整个圆柱面的圆柱度误差；位置误差有圆跳动、全跳动等。根据几何误差的定义可知，外圆车削加工中的不少几何误差项目都与尺寸误差有着紧密的联系，因此本章以尺寸误差为主进行讨论。

尺寸误差是车削加工中最重要的加工质量特征之一，对于细长轴工件更是如此。由于细长轴长径比大、刚度差，极易在切削力作用下产生弯曲变形，造成尺寸误差过大。为减小尺寸误差，通常需要使用跟刀架对细长轴进行辅助支撑。目前，跟刀架的使用仍然基于操作者的经验，缺乏理论指导，对工人的技术水平要求很高，且生产效率低下，产品质量不稳定。因此，定量研究跟刀架对尺寸误差的影响，将为切削参数优化提供依据，极大地简化细长轴车削加工过程。

本章将深入分析车削加工中尺寸误差的形成过程，建立使用跟刀架车削细长轴的尺寸误差预测模型。由于细长轴中部刚度低、变形量大，加工后将产生较大的鼓形误差，故通过计算整个加工路径上的尺寸误差值，可最终确定细长轴加工中产生的鼓形误差。本章提出的尺寸误差预测模型将综合考虑工件、跟刀架、夹具和刀具弹性变形对尺寸误差的影响，同时，模型对于普通轴车削加工的尺寸误差预测同样有效。首先建立工艺系统变形与尺寸误差间的几何关系；然后，建立包括跟刀架在内的加工工艺系统变形模型，以计算在切削力作用下工艺系统的变形情况，最终确定由工艺系统受力变形所产生的尺寸误差。考虑到实际背吃刀量与切削力间存在的耦合关系，将采用迭代算法求解实际背吃刀量，以提高尺寸误差模型的预测精度。

4.2 工艺系统变形与尺寸误差间的几何关系

在车削加工过程中，尺寸误差集中体现为车刀与工件的相对位置误差。图4.1所示为工艺系统受力变形与尺寸误差的几何关系，此时车削加工的工艺系统包括工件、刀具、夹具和跟刀架。车刀在 x 和 y 方向的变形量分别表示为 δ_{tx} 和 δ_{ty}，由背向力 F_p 和主切削力 F_c 引起的工件轴心偏移量分别为 δ_{whx} 和 δ_{why}，其中 δ_{whx} 和 δ_{why} 是由工件变形和夹具变形共同作用的结果。图中双点画线表示车刀和工件的名义位置，实线车刀表示车刀的实际位置，实线工件表示工件加工后的实际尺寸及位置。

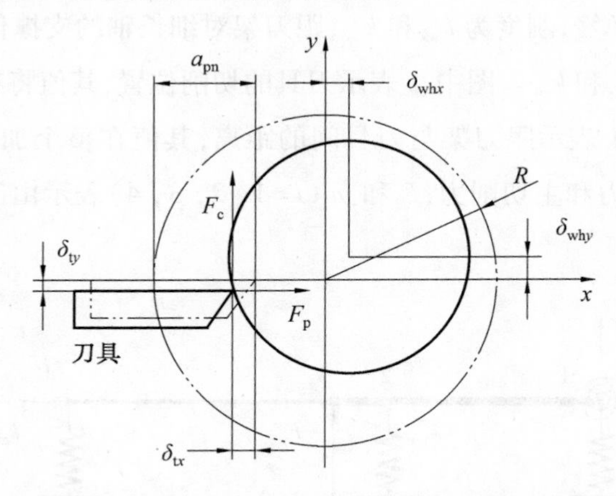

图 4.1　车削工艺系统变形与尺寸误差的几何关系

如图 4.1 所示，工艺系统变形的结果是使工件和车刀的理想相对位置发生变动，造成实际背吃刀量和名义背吃刀量不同，从而产生尺寸误差。基于图中的几何关系，加工中的实际背吃刀量 a_p 和尺寸误差 ΔD 可以表示为

$$a_p = R - \sqrt{(R - a_{pn} + \delta_{tx} + \delta_{whx})^2 + (\delta_{ty} + \delta_{why})^2} \tag{4.1}$$

$$\Delta D = 2(a_{pn} - a_p) \tag{4.2}$$

式中　R —— 工件半径，mm；

a_{pn}——名义背吃刀量，mm。

由式(4.1)和式(4.2)可知，只要确定工艺系统的变形量（δ_{tx}，δ_{whx}，δ_{ty} 和 δ_{why}），就可以确定车削加工的尺寸误差值 ΔD。

4.3　工艺系统变形计算

在此将建立包括跟刀架在内的工艺系统弹性变形模型，以确定工艺系统受切削力作用而产生的变形量。该模型综合考虑工件、跟刀架、夹具和刀具变形对尺寸误差的影响，同时，模型对于普通轴车削加工的尺寸误差预测同样有效。此处将以卡盘-顶尖装夹并使用跟刀架车削细长轴为例，说明工艺系统变形的建模过程。

4.3.1　工件-夹具-跟刀架变形模型

细长轴车削加工中工件-夹具-跟刀架变形模型如图 4.2 所示。为与几何分析过程相一致，工艺系统变形也将在 xz 和 yz 平面内分别求得。模型中，工件表示为阶梯轴，长度为 L；卡盘对工件的支撑作用由平动弹簧和转动弹簧表示，刚度分别为 k_h 和 k_r；顶尖对工件的支撑表示为平动弹簧，刚度为 k_{wx} 和 k_{wy}；跟刀架对细长轴的支撑作用由两个平动弹簧表示，其刚度分别为 k_{mx} 和 k_{my}。图中，z 表示刀具的切削位置，其值将在整个加工过程中随刀具运动而发生变化；l_c 表示跟刀架与刀具间的距离，其值在整个加工过程中保持恒定；F_p 和 F_c 分别表示背向力和主切削力；F_i 和 m_i（$i=1, 2, 3, 4$）表示由工件重力产生的等价节点力。

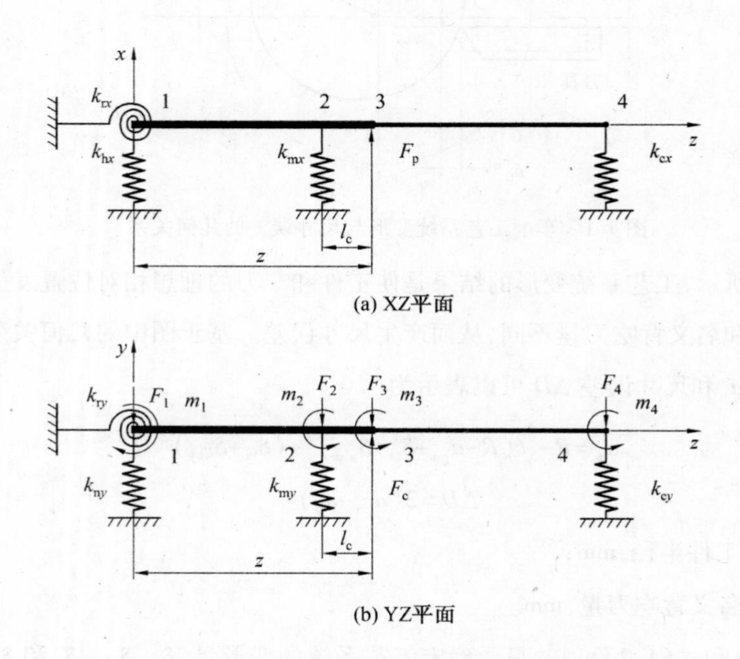

图 4.2　细长轴车削加工中工件-夹具-跟刀架变形模型

显然，图 4.2 所示模型同样适用于非细长轴加工。令 $k_{mx}=k_{my}=0$，则模型为不用跟刀架时的工艺系统变形模型；若令 $k_r=0$，则该模型转化为双顶尖装夹方式；若令 $k_{wx}=k_{wy}=0$，则模型转化为卡盘-悬臂装夹方式。

由图 4.2 所示模型可知，工艺系统是一个同时受均布载荷和集中载荷作用的典型梁结构。当采用有限元方法求解工艺系统变形时，将利用等功原理将分布载荷转化为作用于节点处的集中载荷，因此，在节点处有限元位移解和梁理论解是一致的。在非节点处，位移通过计算 3 次位移函数获得，其有限元计算值将低于梁理论解。随着模型中所用单元数量的增加,有限元解将收敛于梁理论解。由于本研究中只关心切削点(即节 3)处的变形量,因此,此处采用有限元方法计算工艺系统在切削点处变形的精确解。

为提高模型的适用范围,使其同样适用于普通轴,在此将考虑工件剪切变形对尺寸误差的影响,采用考虑剪切变形影响的梁单元进行有限元建模,其单元刚度矩阵如式(4.3)所示,并采用该单元刚度矩阵完成工艺系统变形量的有限元求解。

$$k_i=\frac{EI_i}{l_i^3(1+\varphi_i)}\begin{bmatrix}12 & 6l_i & -12 & 6l_i\\ & (4+\varphi_i)l_i^2 & -6l_i & (2-\varphi_i)l_i^2\\ & & 12 & -6l_i\\ \text{SYM.} & & & (4+\varphi_i)l_i^2\end{bmatrix} \tag{4.3}$$

式中　E——工件材料的杨氏弹性模量,Pa;

I_i——单元 i 的截面惯性矩,m^4;

l_i——单元 i 的长度,m;

φ_i——单元 i 的横截面剪切变形参数。

设总体刚度矩阵为 $\boldsymbol{K}$,节点位移向量为 $\boldsymbol{u}$,总体力矩阵为 $\boldsymbol{F}$,则系统的总体平衡方程表示为

$$\boldsymbol{Ku}=\boldsymbol{F} \tag{4.4}$$

由式(4.4)可知,只要分别确定 xz 平面、yz 平面的总体刚度矩阵和总体力矩阵,即可确定工件在两平面内的变形量。

如图 4.2(a)所示的 xz 平面中,工件被划分为 3 个单元,节点 3 为切削点。单元 1 和 2 表示工件的未加工部分,其直径为 $D_1=D_2=2R$;单元 3 表示工件的已加工部分,其直径为 $D_3=2(R-a_{\rm pn})$。设单元的长度分别为 $l_1=z-l_{\rm c}$,$l_2=l_{\rm c}$ 和 $l_3=L-z$,则单元的长度将随切削点位置 z 而改变。

令 $a_i=EI_i/(1+\varphi_i)l_i^3$,$b_i=(4+\varphi_i)a_i$ 和 $c_i=(2-\varphi_i)a_i$,其中 $i=1,2,3$,将单元刚度矩阵组集,则得到总体刚度矩阵 $\boldsymbol{K}_x$ 为

$$\boldsymbol{K}_x(z)=\begin{bmatrix}12a_1+k_{\rm hx} & 6l_1a_1 & -12a_1 & 6l_1a_1 & 0 & 0 & 0 & 0\\ & b_1l_1^2+k_{\rm rx} & -6l_1a_1 & c_1l_1^2 & 0 & 0 & 0 & 0\\ & & 12(a_1+a_2)+k_{\rm mx} & 6(l_2a_2-l_1a_1) & -12a_2 & 6l_2a_2 & 0 & 0\\ & & & b_1l_1^2+b_2l_2^2 & -6l_2a_2 & c_2l_2^2 & 0 & 0\\ & & & & 12(a_2+a_3) & 6(l_3a_3-l_2a_2) & -12a_3 & 6l_3a_3\\ & & & & & b_2l_2^2+b_3l_3^2 & -6l_3a_3 & c_3l_3^2\\ & & & & & & 12a_3+k_{\rm wx} & -6l_3a_3\\ \text{SYM.} & & & & & & & b_3l_3^2\end{bmatrix} \tag{4.5}$$

由式(4.5)可知,总体刚度矩阵 $\boldsymbol{K}_x$ 将随变量 z 而改变,即在整个细长轴加工过程中,工艺系统的刚度将随切削位置的改变而发生变化,从而造成切削点处的变形量在整个加工路径上呈不均匀分布,工件中点处变形量大,工件两端变形量较小。

背向力 F_p 作用于节点3,则节点力向量 F_x 表示为

$$\boldsymbol{F}_x=[0\quad 0\quad 0\quad 0\quad F_p\quad 0\quad 0\quad 0]^T \tag{4.6}$$

设 $z=z_c$,将式(4.5)和式(4.6)代入式(4.4)中,即可得出切削点为 z_c 处的变形量 δ_{whx}。

如图4.2(b)所示的 YZ 平面,采用相同方法将工件划分为3个单元。则总体刚度矩阵 K_y 表示为

$$\boldsymbol{K}_y(z)=\begin{bmatrix} 12a_1+k_{hy} & 6l_1a_1 & -12a_1 & 6l_1a_1 & 0 & 0 & 0 & 0 \\ & b_1l_1^2+k_{ry} & -6l_1a_1 & c_1l_1^2 & 0 & 0 & 0 & 0 \\ & & 12(a_1+a_2)+k_{my} & 6(l_2a_2-l_1a_1) & -12a_2 & 6l_2a_2 & 0 & 0 \\ & & & b_1l_1^2+b_2l_2^2 & -6l_2a_2 & c_2l_2^2 & 0 & 0 \\ & & & & 12(a_2+a_3) & 6(l_3a_3-l_2a_2) & -12a_3 & 6l_3a_3 \\ & & & & & b_2l_2^2+b_3l_3^2 & -6l_3a_3 & c_3l_3^2 \\ & & & & & & 12a_3+k_{wy} & -6l_3a_3 \\ \text{SYM.} & & & & & & & b_3l_3^2 \end{bmatrix} \tag{4.7}$$

考虑工件重力对变形的影响,根据等功原理将重力转化为作用于节点处的集中载荷。令 $w_i=9.8\times\pi\times R_i^2\times\rho$,其中 R_i 是单元 i 的半径,ρ 是工件的密度,则重力的等价节点力向量 $\boldsymbol{F}_g$ 表示为

$$\begin{aligned}\boldsymbol{F}_g=&[F_1\quad m_1\quad F_2\quad m_2\quad F_3\quad m_3\quad F_4\quad m_4]^T=\\&[-w_1l_1/2\quad -w_1l_1^2/12\quad -(w_1l_1+w_2l_2)/2\quad (w_1l_1^2-w_2l_2^2)/12-\\&(w_2l_2+w_3l_3)/2\quad (w_2l_2^2-w_3l_3^2)/12\quad -w_3l_3/2w_3l_3^2/12]^T\end{aligned} \tag{4.8}$$

综合考虑重力和作用于节点3的主切削力 $\boldsymbol{F}_c$,可得节点力向量 $\boldsymbol{F}_y$ 为

$$\begin{aligned}\boldsymbol{F}_y=&[-w_1l_1/2\quad -w_1l_1^2/12\quad -(w_1l_1+w_2l_2)2\quad (w_1l_1^2-w_2l_2^2)/12\\&F_c-(w_2l_2+w_3l_3)/2\quad (w_2l_2^2-w_3l_3^2)/12\quad -w_3l_3/2\quad w_3l_3^2/12]^T\end{aligned} \tag{4.9}$$

设 $z=z_c$,将式(4.7)和式(4.9)代入式(4.4)中,即可得出切削点为 z_c 处的变形量 δ_{why}。

由于在节点处的有限元位移解和梁理论解是一致的,因此,虽然在图4.2所示的模型

中只采用3个单元进行有限元求解，计算得出的节点3处的位移量δ_{whx}和δ_{why}仍为梁变形的精确解。

4.3.2　刀具变形量计算

刀具变形量δ_{tx}和δ_{ty}的定义如图4.1所示，其值由式(4.10)和式(4.11)确定，即

$$\delta_{tx}=F_p/k_{tx} \tag{4.10}$$

$$\delta_{ty}=F_c/k_{ty} \tag{4.11}$$

式中　k_{tx}——刀具在x方向的刚度，N/mm；

k_{ty}——刀具在y方向的刚度，N/mm。

至此，对应于切削点$z=z_c$处的工艺系统变形量δ_{tx}、δ_{whx}、δ_{ty}和δ_{why}均已确定，将变形量代入式(4.1)和式(4.2)中，可得到该切削点处的实际背吃刀量a_p和尺寸误差ΔD。改变z的取值，逐点计算整个加工路径上的实际背吃刀量和尺寸误差，即完成车削加工过程的尺寸误差预测。

4.3.3　切削力模型

由上述有限元建模过程可知，精确的力学模型是计算工艺系统变形的关键。此处采用经验公式[89]，主切削力F_c、背向力F_p和进给力F_f的表达式分别为

$$F_c=9.81C_{F_c}a_p^{x_{F_c}}f^{y_{F_c}}v_c^{z_{F_c}}K_{F_c} \tag{4.12}$$

$$F_p=9.81C_{F_p}a_p^{x_{F_p}}f^{y_{F_p}}v_c^{z_{F_p}}K_{F_p} \tag{4.13}$$

$$F_f=9.81C_{F_f}a_p^{x_{F_f}}f^{y_{F_f}}v_c^{z_{F_f}}K_{F_f} \tag{4.14}$$

式中　a_p,f,v_c——背吃刀量，mm；进给量，mm/r；和切削速度，m/min；

C_{F_c},C_{F_p},C_{F_f}—— 工件材料和切削条件对切削力的影响系数；

x_{F_c},x_{F_p},x_{F_f}——背吃刀量a_p对切削力的影响指数；

y_{F_c},y_{F_p},y_{F_f}—— 进给量f对切削力的影响指数；

z_{F_c},z_{F_p},z_{F_f}—— 切削速度v_c对切削力的影响指数；

K_{F_c},K_{F_p},K_{F_f}—— 与经验公式中切削条件不同时，各种因素对切削力影响的修正系数之乘积。

当工件材料和刀具一定时，切削力值由切削用量决定。由于工件变形在整个加工路径上呈不均匀分布，从而造成实际背吃刀量分布不均匀，导致切削力在加工过程中是随切削位置而变化的。

4.3.4 尺寸误差的迭代求解算法

在尺寸误差的计算过程中，切削力由式(4.12)～(4.14)给出，在其他加工条件一定的情况下，切削力是背吃刀量的函数。同时，切削力导致工艺系统产生变形，又使实际背吃刀量与名义背吃刀量之间产生一定偏离，即切削力和背吃刀量间存在耦合关系。此处使用迭代算法求解该耦合关系，以提高尺寸误差模型的预测精度。尺寸误差预测迭代求解算法的流程如图4.3所示。

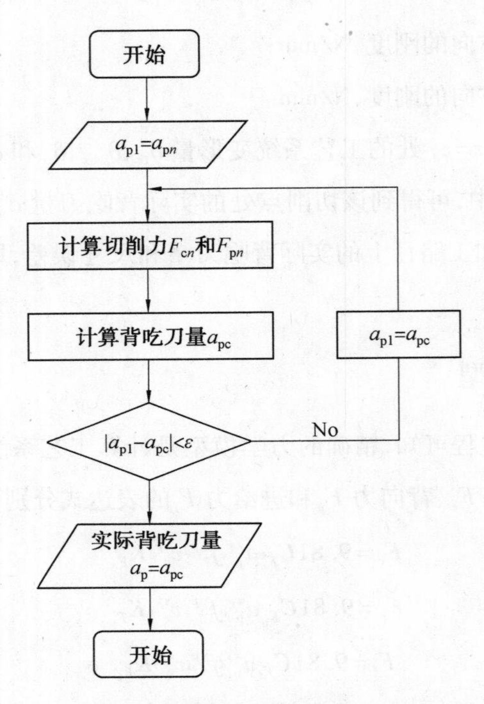

图4.3 尺寸误差预测迭代求解算法的流程图

4.4 工艺系统刚度的试验研究

由工艺系统变形量的求解过程可知，准确测量工艺系统刚度是正确预测尺寸误差的关键。下文将分别测量工艺系统各个部分的刚度值。

4.4.1 机床动刚度的测定

(1)试验原理。

此处将根据误差复映原理，采用切削加工测定法测量卡盘的平动刚度 k_h、顶尖刚度k_w

和刀具刚度 k_t。有形状误差(或相互位置误差)的工件毛坯,再次加工后,因加工余量不均导致切削力变化,使工艺系统产生了相应的变形,其形状误差(或位置误差)仍以与毛坯相似的形式、程度不同地再次反映在新的加工表面上,这种现象称为误差复映。根据这一原理,在工件毛坯上预先加工出指定的尺寸误差,经一次走刀加工后,测量出相应的复映误差,经计算即可确定机床相应部位的刚度值。

在车床上安装一根刚度较大的长轴,用前后顶尖定位夹紧拨盘带动回转(图4.4)。先车出形状与尺寸基本一致的3个台阶,如图4.4(a)所示,用数显千分尺测量出工件各部位的尺寸值,由此可计算出加工前工件头部、中部和尾部的误差值 Δ_{TQ}、Δ_{ZQ}、Δ_{WQ} 分别为

$$\begin{cases}\Delta_{TQ}=D_{2T}-D_{1T}\\ \Delta_{ZQ}=D_{2Z}-D_{1Z}\\ \Delta_{WQ}=D_{2W}-D_{1W}\end{cases} \tag{4.15}$$

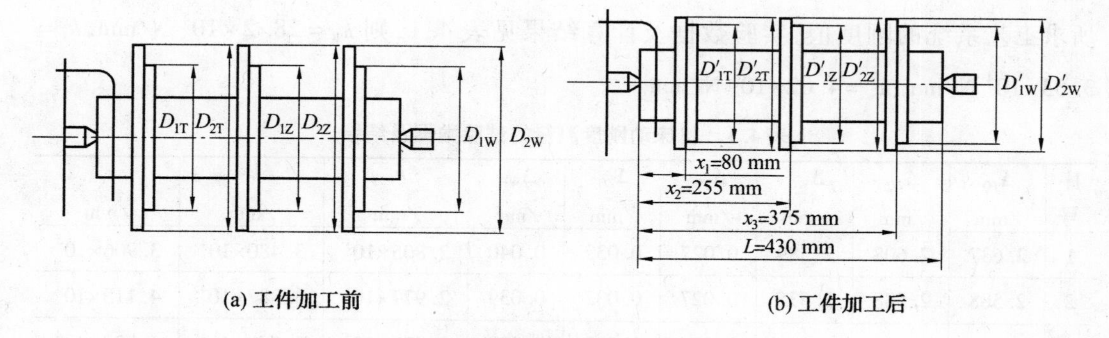

图4.4　机床动刚度测量试验系统示意图

进行一次走刀加工,其背吃刀量应能使各部分均有切削余量,并有较小的表面粗糙度。测量出工件各部位的尺寸值,如图4.4(b)所示,并计算出加工后工件头部、中部和尾部的误差值 Δ_{TH}、Δ_{ZH}、Δ_{WH} 分别为

$$\begin{cases}\Delta_{TH}=D'_{2T}-D'_{1T}\\ \Delta_{ZH}=D'_{2Z}-D'_{1Z}\\ \Delta_{WH}=D'_{2W}-D'_{1W}\end{cases} \tag{4.16}$$

根据误差复映公式(4.17),可得机床头部、中部和尾部的系统刚度 k_{TX}、k_{ZX} 和 k_{WX}。

$$k_X=\lambda C_{F_c} f^{0.75}\frac{\Delta_Q}{\Delta_H} \tag{4.17}$$

式中　λ——切削力比值,$\lambda=F_p/F_c$;

Δ_Q——加工前的尺寸误差,mm;

Δ_H——加工后的尺寸误差，mm。

再根据系统刚度与车床各部件刚度间的关系式（4.18），即可求得夹具的平动刚度 k_h、顶尖刚度 k_w 和刀具刚度 k_t。

$$\begin{cases} \dfrac{1}{k_{TX}}=\dfrac{1}{k_t}+\dfrac{1}{k_h}\left(1-\dfrac{x_1}{L}\right)^2+\dfrac{1}{k_w}\left(\dfrac{x_1}{L}\right)^2+\dfrac{L^3}{3EJ}\left(\dfrac{x_1}{L}\right)^2\left(\dfrac{L-x_1}{L}\right)^2 \\ \dfrac{1}{k_{ZX}}=\dfrac{1}{k_t}+\dfrac{1}{k_h}\left(1-\dfrac{x_2}{L}\right)^2+\dfrac{1}{k_w}\left(\dfrac{x_2}{L}\right)^2+\dfrac{L^3}{3EJ}\left(\dfrac{x_2}{L}\right)^2\left(\dfrac{L-x_2}{L}\right)^2 \\ \dfrac{1}{k_{WX}}=\dfrac{1}{k_t}+\dfrac{1}{k_h}\left(1-\dfrac{x_3}{L}\right)^2+\dfrac{1}{k_w}\left(\dfrac{x_3}{L}\right)^2+\dfrac{L^3}{3EJ}\left(\dfrac{x_3}{L}\right)^2\left(\dfrac{L-x_3}{L}\right)^2 \end{cases} \tag{4.18}$$

（2）试验与数据处理。

实验在 CA6140A 普通车床进行，使用 YT15 硬质合金可转位车刀进行加工，车刀主偏角为 $\kappa_r=75°$，工件为正火 45 钢。共进行 3 次测量实验，并以三次测量结果的平均值作为所求工艺系统的刚度值，实验数据及计算结果见表 4.1，则 $k_h=28.2\times10^4$ N/mm，$k_t=3.53\times10^4$ N/mm，$k_w=4.02\times10^4$ N/mm。

表 4.1 机床动刚度测量的试验数据及结果

序号	Δ_{TQ} /mm	Δ_{ZQ} /mm	Δ_{WQ} /mm	Δ_{TH} /mm	Δ_{ZH} /mm	Δ_{WH} /mm	k_h /mm	k_t /mm	k_c /mm
1	2.637	2.608	2.589	0.027	0.032	0.040	2.805×10^5	3.480×10^4	3.906×10^4
2	2.588	2.588	2.535	0.027	0.032	0.039	2.977×10^5	3.387×10^4	4.115×10^4
3	2.578	2.581	2.586	0.025	0.030	0.038	2.678×10^5	3.709×10^4	4.028×10^4

4.4.2 卡盘抗弯刚度的测定

卡盘装夹与顶尖装夹的主要区别在于，卡盘可通过其抗弯刚度 k_r 限制工件的弯曲变形，故此处通过试验测量卡盘的抗弯刚度值。卡盘抗弯刚度测量试验系统如图 4.5 所示，采用三爪卡盘装夹一刚度较大的长轴（直径 $D=200$ mm、长度 $L=400$ mm），并使用砝码在工件自由端施加一水平载荷 F_1。在工件固定端靠近卡盘处，采用模拟刀杆对工件施加载荷 F_2，载荷大小可由立式平行八角环三向车削测力仪测得。调整刀架与工件的相对位置以使 $F_2=F_1$，从而对卡盘施加转矩 $M=F_1L$ 。

采用电涡流位移传感器测量距卡盘中心 $R=150$ mm 处的卡盘位移量 u，则卡盘在转矩 M 作用下产生的转角 θ(rad) 可表示为

$$\theta=\arctan\frac{u}{R} \tag{4.19}$$

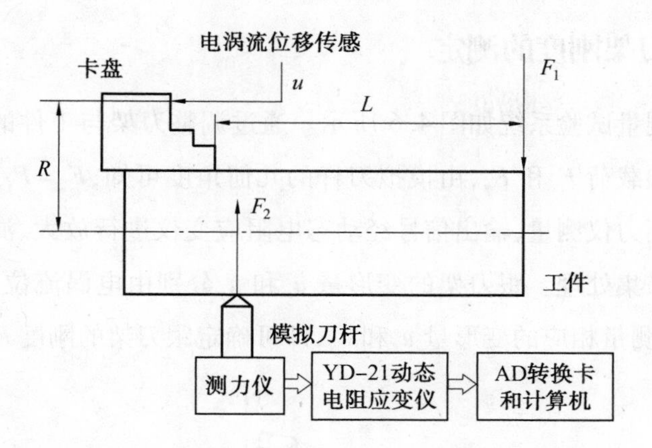

图4.5 卡盘抗弯刚度测量试验系统示意图

因此,卡盘的抗弯刚度 k_r 表示为

$$k_r = \frac{F_1 L}{\arctan \dfrac{u}{R}} \tag{4.20}$$

依次改变转矩值 M,测量相应的 u 值,即可得出卡盘的抗弯刚度 k_r。考虑到卡盘结构的对称性,取卡盘 x 方向与 y 方向的抗弯刚度相同,即 $k_{rx} = k_{ry}$。依上述方法进行3次测量试验,并以3次测量结果的平均值作为卡盘的抗弯刚度值,试验数据及计算结果见表4.2。

表4.2 卡盘抗弯刚度测量的试验数据及结果

载荷 F_1/N	卡盘位移 u/μm		
	试验1	试验2	试验3
100	74	69	73
200	137	132	148
300	225	214	210
400	270	307	300
500	360	385	375
600	435	439	441
刚度	8.37×10^7	8.11×10^7	8.16×10^7
/(N·mm·rad^{-1})	$k_{rx} = k_{ry} = 8.22\times10^7$		

4.4.3　跟刀架刚度的测定

跟刀架刚度测量试验系统如图 4.6 所示。通过调整刀架与工件的相对位置，由模拟刀杆对跟刀架施加载荷 F_x 和 F_y，由模拟刀杆的几何角度可知，$F_x = F_y$。载荷由立式平行八角环三向车削测力仪测量，输出信号经动态电阻应变仪进行放大、滤波后，由数据采集卡及相应的软件采集处理。跟刀架的变形量 u_x 和 u_y 分别由电涡流位移传感器测得。依次改变载荷大小，测量相应的变形量 u_x 和 u_y，即可确定跟刀架的刚度 k_{mx} 和 k_{my}。

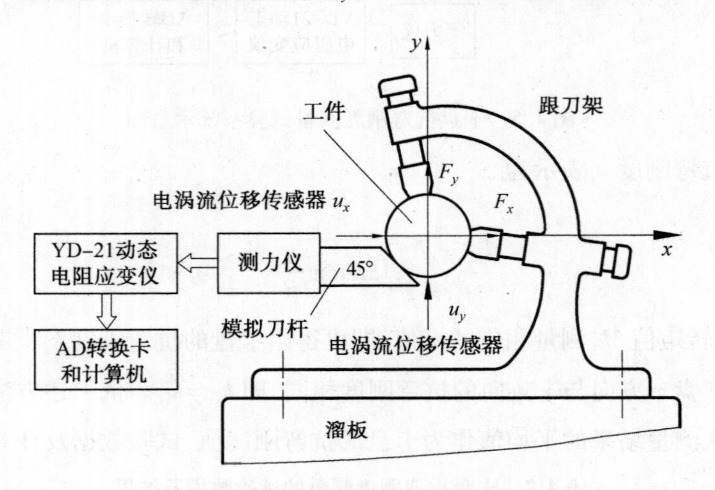

图 4.6　跟刀架刚度测量试验系统示意图

分别进行 3 次测量试验，并以 3 次测量结果的平均值作为跟刀架的刚度值，试验数据及计算结果见表 4.3。

表 4.3　跟刀架刚度测量的试验数据及结果

载 荷	x 方向变形/μm			y 方向变形/μm		
/N	试验 1	试验 2	试验 3	试验 1	试验 2	试验 3
100	33	35	38	41	37	40
200	64	72	69	72	70	72
300	97	103	107	109	102	106
400	131	138	135	144	141	143
500	165	167	172	177	179	175
600	203	204	209	216	207	215
刚 度/	3.01×10^3	2.94×10^3	2.89×10^3	2.78×10^3	2.86×10^3	2.81×10^3
(N · mm^{-1})	$k_{mx}=2.95\times10^3$			$k_{my}=2.82\times10^3$		

4.5　尺寸误差预测与影响因素分析

影响细长轴车削加工中尺寸误差的主要因素包括工件的装夹方式、跟刀架的使用及其刚度和切削用量,实验通过数值仿真给出细长轴车削加工尺寸误差的预测实例,并研究上述因素对尺寸误差的影响规律,为降低细长轴车削加工的尺寸误差、优化切削参数提供依据。

分析中,使用 YT15 硬质合金可转位车刀加工 45 钢圆棒料,刀具的几何角度见表 4.4。工件的几何参数为 $D=24$ mm、$L=750$ mm,其材料的力学性能见表 4.5。工艺系统刚度采用 4.4 节中的试验测量值。

表 4.4　试验用刀具的几何角度

主偏角 κ_r	副偏角 κ'_r	前角 γ_o	后角 α_o	刃倾角 λ_s
75°	15°	15°	5°	-5°

表 4.5　工件材料的力学性能

弹性模量 E/GPa	剪切模量 G/GPa	密度 ρ/(kg · m^{-3})	抗拉强度 σ_b/MPa
213	81	7.85×10^3	598

4.5.1　装夹方式对尺寸误差的影响

在细长轴车削加工中,主要采用卡盘-顶尖和顶尖-顶尖两种方式装夹工件,故将分析这两种装夹方式对尺寸误差的影响。图 4.7 给出了 $a_p=0.2$ mm、$f=0.1$ mm/r、$v_c=60$ m/min时,两种装夹方式下的尺寸误差曲线。由图可知,细长轴加工后呈腰鼓形,产生了较大的鼓形误差。

由图可见,采用顶尖-顶尖装夹时产生的尺寸误差在整个加工路径上均大于卡盘-顶尖装夹时的尺寸误差,且顶尖-顶尖装夹时尺寸误差的最大值出现在工件中点处,卡盘-顶尖装夹时尺寸误差的最大值出现在 0.5 ~ 0.6L 之间靠近 0.6L 处。在细长轴加工中,工件的弯曲变形是产生尺寸误差的主要原因,而卡盘的抗弯刚度 k_r 恰恰能够抑制工件的弯曲变形,故采用卡盘-顶尖装夹细长轴时产生的尺寸误差较小。

由于所建立的尺寸误差预测模型对于普通轴车削加工同样有效,这里给出普通轴加工时的尺寸误差预测实例。如图 4.8 所示是采用卡盘-悬臂装夹普通轴时的尺寸误差曲线,工件几何参数为 $D=36$ mm、$L=200$ mm,切削用量与细长轴加工时相同。由图可知,此时最大尺寸误差出现在工件悬臂端。

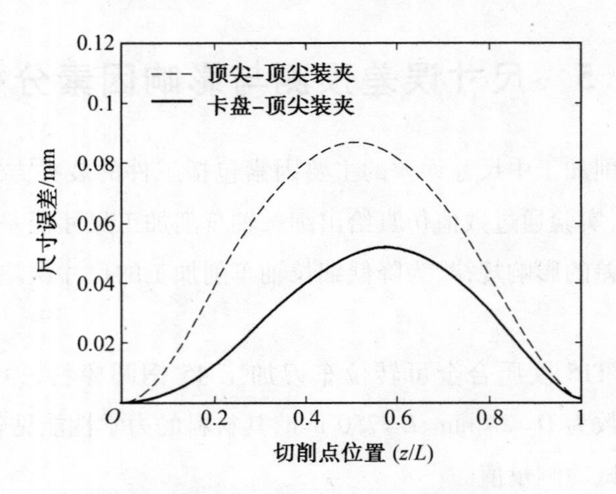

图 4.7　装夹方式对尺寸误差影响仿真曲线

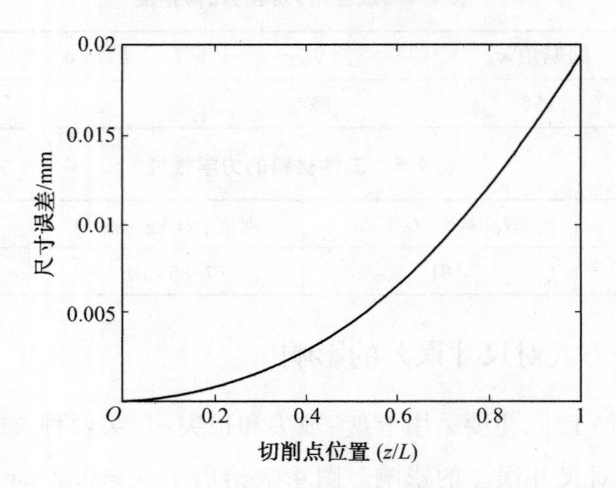

图 4.8　卡盘-悬臂装夹普通轴时的尺寸误差曲线

4.5.2　跟刀架对尺寸误差的影响

图 4.9 给出了使用跟刀架车削细长轴时的尺寸误差曲线。所用切削用量与图 4.7 相同,且跟刀架与车刀间的距离为 $l_c = 10$ mm。与图 4.7 比较可知,跟刀架对工件的支撑作用使尺寸误差明显减小。同时,采用顶尖-顶尖装夹时产生的尺寸误差仍大于卡盘-顶尖装夹,但两者之间的差值明显减小。

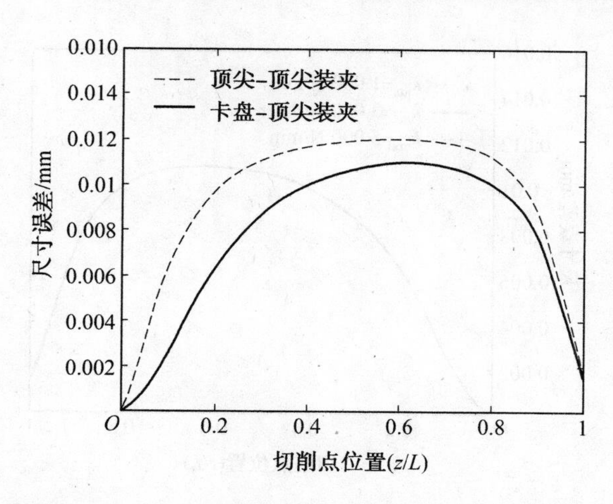

图 4.9　使用跟刀架车削细长轴时的尺寸误差曲线

图 4.10 和图 4.11 分别给出了跟刀架 x 方向刚度 k_{mx} 和 y 方向刚度 k_{my} 对尺寸误差的影响情况。由图可知，随着 k_{mx} 的增加工件中部的尺寸误差迅速减小，而靠近卡盘和顶尖处的尺寸误差值几乎不受跟刀架刚度的影响。这是因为工件中部的尺寸误差主要由于工件弯曲变形产生，而 x 方向是细长轴加工表面的法线方向，即误差敏感方向，故 k_{mx} 的增加有效地减小了工件在误差敏感方向上的变形，从而减小尺寸误差；靠近卡盘和顶尖处的尺寸误差主要由卡盘和顶尖的刚度决定，故受 k_{mx} 的影响非常小。

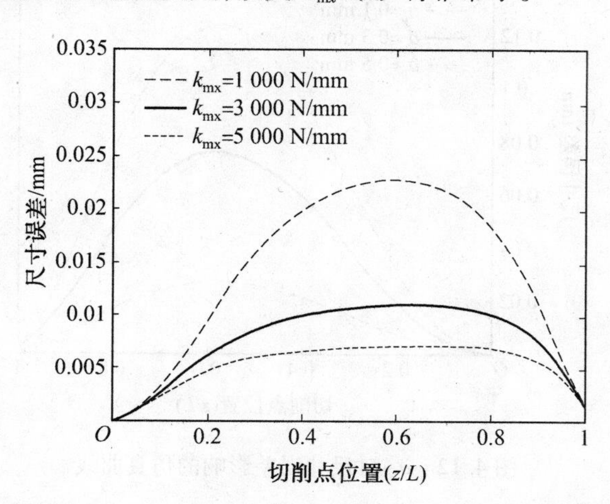

图 4.10　k_{mx} 对尺寸误差影响的仿真曲线

由图 4.11 可知，不同 k_{my} 下的尺寸误差曲线几乎完全重合，故 k_{my} 对细长轴尺寸误差的影响很小。

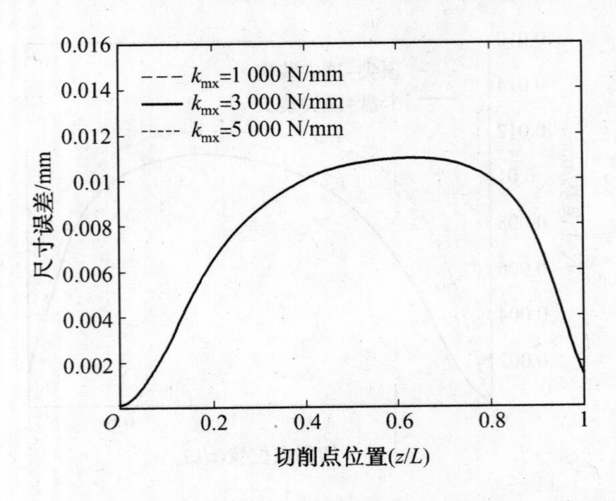

图 4.11　k_{my}对尺寸误差影响的仿真曲线

4.5.3　切削参数对尺寸误差的影响

采用单因素法,即分别改变背吃刀量 a_p、进给量 f 和切削速度 v_c进行数值仿真,通过分析相应的尺寸误差曲线找出切削用量对尺寸误差的影响规律。仿真结果如图 4.12 ~ 图 4.14 所示。

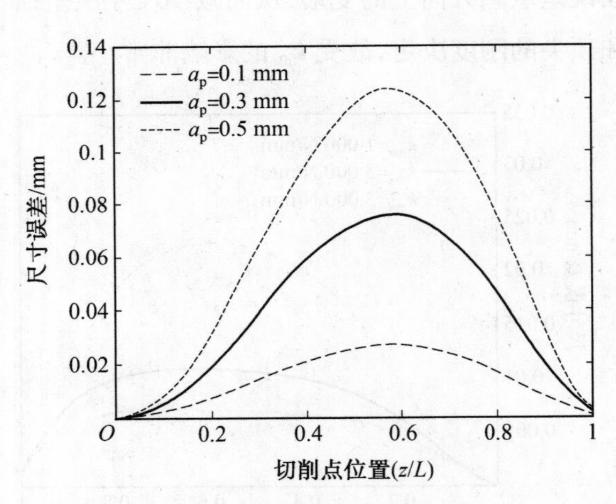

图 4.12　a_p 对尺寸误差影响的仿真曲线

图 4.12 给出了背吃刀量 a_p对尺寸误差的影响情况。由图可知,当背吃刀量增大时,尺寸误差明显增大。

图 4.13 给出了进给量 f 对尺寸误差的影响曲线。由图可知,随着进给量的增大,尺寸误差增大。

如图 4.14 所示为切削速度 v_c对尺寸误差的影响情况。由图可知,当切削速度增大时,尺寸误差略有下降。

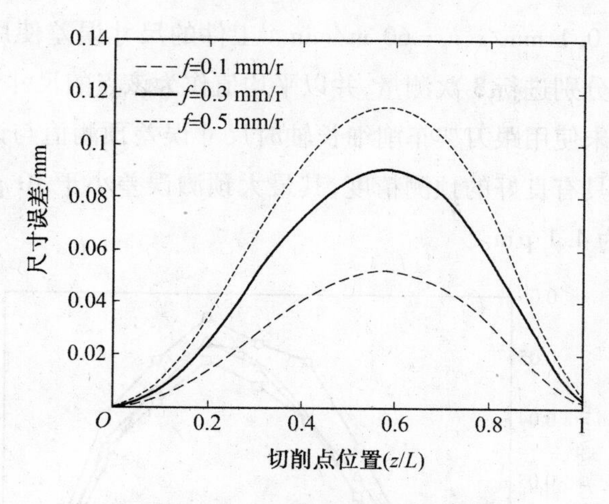

图 4.13　f 对尺寸误差影响的仿真曲线

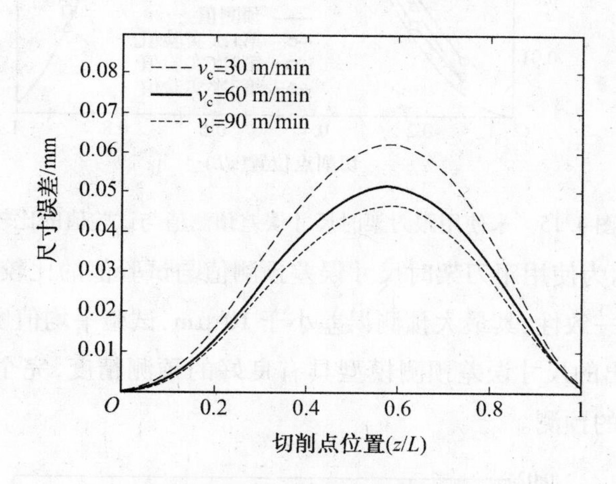

图 4.14　v_c 对尺寸误差影响的仿真曲线

综合比较可知，背吃刀量 a_p 和进给量 f 的增加均会使尺寸误差增大，但二者的影响程度不同，进给量 f 对尺寸误差的影响较小，背吃刀量 a_p 对尺寸误差的影响显著；切削速度 v_c 的增加会使尺寸误差减小，但减幅较小。上述结果是与切削用量对切削力的影响结果一致的，而切削力引起的工艺系统变形是细长轴车削加工中产生尺寸误差的主要原因，因此，仿真结果与实际是相符的。

4.6　尺寸误差预测模型的试验验证

此处通过切削试验来验证尺寸误差预测模型的有效性。试验在 CA6140A 普通车床上进行，该机床各部件的刚度值已在 4.4 节中通过试验确定。切削试验中所用刀具、工件与仿真分析中完全相同，采用卡盘–顶尖方式装夹工件，其刚度值见表 4.3。所用切削用

量为 $a_p=0.2$ mm、$f=0.1$ mm/r、$v_c=60$ m/min。工件的尺寸误差使用数显千分尺进行测量，对于指定测量点分别进行 3 次测量，并以平均值作为该点的尺寸误差值。

图 4.15 给出了未使用跟刀架车削细长轴时尺寸误差预测值与试验值的比较。由图可知，所建立的模型具有良好的预测精度，其最大预测误差小于 10 μm，试验平均值所对应的最大预测误差为 4.1 μm。

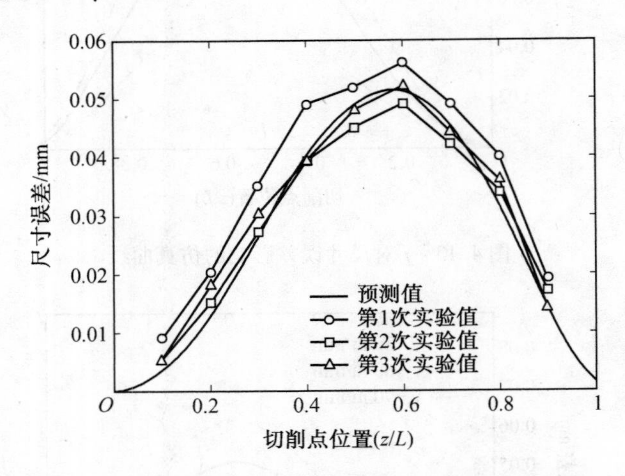

图 4.15　未使用跟刀架时尺寸误差预测值与试验值的比较

如图 4.16 所示为使用跟刀架时尺寸误差预测值与试验值的比较。由图可知，预测值与试验值有较好的一致性，其最大预测误差小于 10 μm，试验平均值所对应的最大预测误差为4.4 μm。故提出的尺寸误差预测模型具有良好的预测精度，完全可用于实际生产中车削加工尺寸误差的预测。

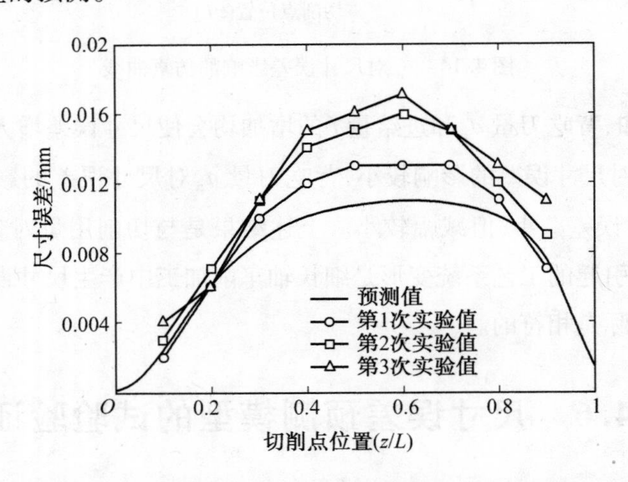

图 4.16　使用跟刀架时尺寸误差预测值与试验值的比较

第 5 章　车削加工过程切削力和表面粗糙度的试验研究

5.1　引　　言

切削力是切削加工中的基本参数，其大小决定了车削过程中所消耗的功率和加工工艺系统的变形，同时直接影响车削热的产生，并进一步影响刀具的磨损、破损、刀具耐用度等，对加工精度和加工表面质量有直接的影响。因此，研究切削力的变化规律有助于分析车削过程，并对生产实际有重要的指导意义。表面粗糙度是衡量工件表面加工质量的一个重要指标，它直接影响机械设备的使用寿命和使用性能。对表面粗糙度进行分析与预测已经成为车削加工过程物理仿真的重要组成部分。本章以试验研究为基础，分析切削参数对切削力和表面粗糙度的影响规律。

淬硬钢由于具有较高的强度和硬度，使其应用极其广泛，但其切削加工性较差，精加工通常由磨削完成。随着高硬刀具材料和相关技术的发展，以硬态切削代替磨削完成精加工操作成为淬硬钢零件加工的重要途径。与磨削相比，硬态切削具有良好的加工柔性、经济性和环保性能。因此，研究淬硬钢的高速硬车削技术具有重要的实际应用价值。本文采用 PCBN 刀具进行高速硬车削 AISI P20 淬硬钢的切削试验，并通过正交试验分析和稳健设计方法研究切削速度、进给量、切削深度和刀尖圆弧半径对切削力和表面粗糙度的影响规律，并给出试验范围内的最优加工参数组合；运用回归分析方法建立切削力和表面粗糙度的经验模型，并通过数值仿真分析研究切削参数对切削力和表面粗糙度的影响。

5.2　试验设计

5.2.1　试验系统

切削试验在 CA6140A 普通车床上进行，使用立方氮化硼（PCBN）刀片加工 AISI P20 圆棒料。选用 SANDVIK 公司牌号为 CB20 的 PCBN 刀片完成车削加工。为考查刀尖圆弧半径对切削力和表面粗糙度的影响，选用 3 种不同刀尖圆弧半径的刀片，其编号分别为

ISO CNMA 120404、120408 和 120412，所用刀柄编号为 ISO PCLNL 2525M12。试件选用经淬火处理后的 AISI P20 钢，平均硬度为 48 HRC，直径为 70 mm，长度为 300 mm，其化学成分见表 5.1。

表 5.1 试验用工件材料化学成分

化学成分	C	Mn	Cr	Mo	S
质量分数/%	0.38	1.30	1.85	0.40	0.008

切削力分量由瑞士 Kistler 公司生产的 9257B 型三向压电式测力仪进行测量，测力仪输出信号经 Kistler 5070A 型电荷放大器进行放大处理后，通过 Kistler 2855A4 型 A/D 转换卡输入计算机，并由 Kistler 2825A DynoWare 软件进行显示与数据处理。使用 TR240 型便携式表面粗糙度测量仪测量加工后的工件表面粗糙度，并以工件上 5 点处表面粗糙度的平均值作为试验结果。

5.2.2 试验设计

为在不影响试验效果的前提下，尽可能减少试验次数，采用正交试验法收集试验数据样本。选择切削速度、进给量、切削深度和刀尖圆弧半径作为试验因子，以研究其对表面粗糙度和切削力的影响程度。正交试验的因素水平见表 5.2。通过上述正交试验，得到相应的主切削力 F_c、背向力 F_p、进给力 F_f 和表面粗糙度 Ra 的数据见表 5.3。

表 5.2 正交切削试验因素水平表

因　素	水　平		
切削速度 v_c/(m · min^{-1})	400	500	600
进给量 f/(mm · rev^{-1})	0.1	0.15	0.2
切削深度 a_p/mm	0.2	0.25	0.3
刀尖圆弧半径 r_e/mm	0.4	0.8	1.2

表 5.3 正交试验获得的切削力和表面粗糙度试验数据

序号	加工参数				表面粗糙度		切削力		
	v_c /(m · min^{-1})	f /(mm · r^{-1})	a_p /mm	r_e /mm	Ra /μm	SNR /dB	F_c /N	F_p /N	F_f /N
1	400	0.1	0.2	0.4	1.37	−2.734 4	51.28	42.19	16.44
2	400	0.1	0.25	0.8	0.81	1.830 3	72.76	53.86	26.00
3	400	0.1	0.3	1.2	0.83	1.618 4	100.72	60.26	36.67
4	400	0.15	0.2	0.8	1.16	−1.289 2	60.92	54.25	24.17

续表 5.3

序号	加工参数				表面粗糙度		切削力		
	v_c /(m·min^{-1})	f /(mm·r^{-1})	a_p /mm	r_e /mm	Ra /μm	SNR /dB	F_c /N	F_p /N	F_f /N
5	400	0.15	0.25	1.2	1.07	-0.587 7	88.79	61.53	35.80
6	400	0.15	0.3	0.4	1.75	-4.860 8	99.57	66.10	26.67
7	400	0.2	0.2	1.2	1.51	-3.579 5	73.80	65.58	32.51
8	400	0.2	0.25	0.4	2.09	-6.402 9	84.00	70.13	23.48
9	400	0.2	0.3	0.8	1.66	-4.402 2	105.25	81.10	31.40
10	500	0.1	0.2	1.2	0.58	4.731 4	58.14	52.10	28.18
11	500	0.1	0.25	0.4	1.11	-0.906 5	69.03	53.46	19.10
12	500	0.1	0.3	0.8	0.67	3.478 5	90.86	65.74	27.02
13	500	0.15	0.2	0.4	1.42	-3.045 8	57.98	55.24	17.63
14	500	0.15	0.25	0.8	0.88	1.110 3	80.27	68.50	26.53
15	500	0.15	0.3	1.2	0.94	0.5374	106.69	73.58	37.54
16	500	0.2	0.2	0.8	1.35	-2.606 7	63.62	72.33	23.00
17	500	0.2	0.25	1.2	1.34	-2.5421	92.55	79.40	34.66
18	500	0.2	0.3	0.4	1.93	-5.711 1	101.47	82.71	25.68
19	600	0.1	0.2	0.8	0.4	7.958 8	50.34	49.45	19.42
20	600	0.1	0.25	1.2	0.38	8.4043	79.12	57.08	31.00
21	600	0.1	0.3	0.4	1.06	-0.506 1	90.23	60.00	21.16
22	600	0.15	0.2	1.2	0.75	2.498 8	66.91	59.60	29.33
23	600	0.15	0.25	0.4	1.32	-2.411 5	78.29	62.06	21.13
24	600	0.15	0.3	0.8	0.77	2.270 2	98.44	74.57	28.36
25	600	0.2	0.2	0.4	1.75	-4.860 8	62.52	65.76	16.58
26	600	0.2	0.25	0.8	1.17	-1.363 7	83.82	77.47	26.08
27	600	0.2	0.3	1.2	1.19	-1.510 9	112.63	84.23	36.65

5.3　切削力预测与仿真分析

5.3.1　试验结果分析

根据试验测得的切削力分量值计算切削合力 F,并采用极差分析法对切削合力 F 进行分析处理,结果如图 5.1 所示。由图可知,切削力随进给量、切削深度和刀尖圆弧半径的增加而增大，且切削深度影响最大，进给量次之，刀尖圆弧半径的影响最小，而不同切削速度下的切削力值几乎保持不变。故为减小加工过程中的切削力，进给量、切削深度和刀尖圆弧半径均应采用其低值。

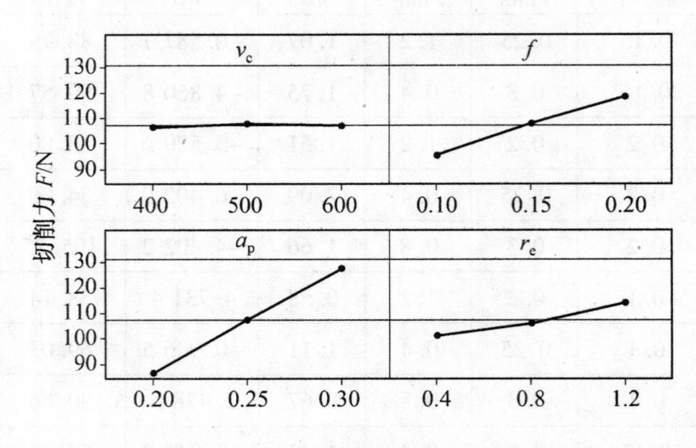

图 5.1 各因素对切削力影响的趋势图

对切削合力 F 的影响因素进行方差分析，以确定切削速度、进给量、切削深度和刀尖圆弧半径对切削力影响的主次，分析结果见表 5.4。由表可知，切削深度对切削力的影响最为显著，其贡献率达到 70.33%；其次为进给量，贡献率为 22.43%；再次为刀尖圆弧半径，贡献率为 7.05%；而切削速度的影响非常小，贡献率仅为 0.1%。

表 5.4 切削力影响因素的方差分析

方差来源	自由度 f	离差平方和 S	均方 S/f	F 值	贡献率/%
v_c	2	10.3	5.2	10.11	0.10
f	2	2 384.8	1 192.4	2 331.20	22.43
a_p	2	7 479.6	3 739.8	7 311.59	70.33
r_e	2	750.1	375.0	733.25	7.05
Error	18	9.2	0.5		0.09
Total	26	10634.0			100

5.3.2 切削力的经验模型

运用数理统计中的多元回归分析方法，对试验数据进行处理，可以建立起切削力的经验公式。在机床加工系统和刀具几何参数确定的前提下，假设切削力与切削参数之间存在复杂的指数关系。运用统计分析软件 MINITAB，对正交试验中得到的数据进行线性回归分析，得到切削力的经验公式如下：

$$F_c = 1074.9 a_p^{1.263} f^{0.249} v_c^{-0.053} r_e^{0.100} \tag{5.1}$$

$$F_p = 125.4 a_p^{0.571} f^{0.457} v_c^{0.166} r_e^{0.065} \tag{5.2}$$

$$F_{\mathrm{f}}=496.8_{\mathrm{p}}^{0.698}f^{0.164}v_{\mathrm{c}}^{-0.245}r_{e}^{0.428} \tag{5.3}$$

对上述经验公式分别进行显著性检验，以确定其拟合度。进行 F 检验时，需比较 F 值和 $F(p,n-p-1)$ 标准值的大小，其中 n 为试验组数，p 为变量个数，$F(p,n-p-1)$ 查表可得。若 F 值大于 F 标准值，则可认为经验模型拟合度良好。本次试验中，试验组数 $n=27$，变量个数 $p=4$，取显著水平 $\alpha=0.05$ 时，则查表可得 $F_{0.05}(4,\ 22)=2.82$。

对主切削力 F_{c}的经验公式(5.1)，有 $F=226.562$；对背向力 F_{p}的经验公式(5.2)，有 $F=117.823$；对进给力 F_{f}的经验公式(5.3)，有 $F=100.623$。综上所述，上述切削力分量的经验公式的 F 值均远大于临界值 $F_{0.05}(4,\ 22)=2.82$，故获得的切削力分量经验模型拟合度良好。

5.3.3　切削力的影响因素分析

基于获得的切削力分量经验模型，采用数值仿真的方法研究不同加工参数对切削力的影响，结果如图 5.2～5.5 所示。

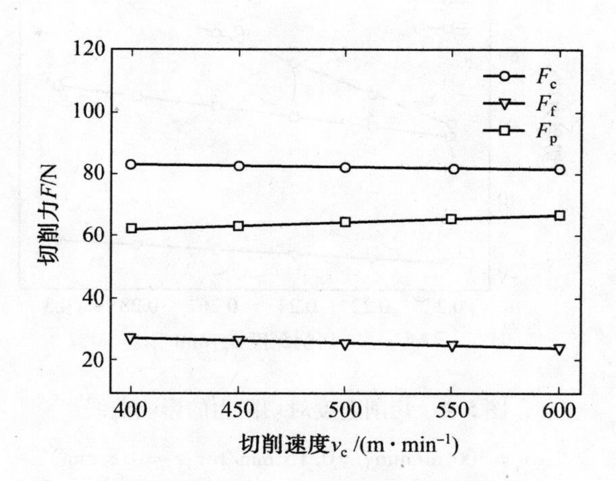

图 5.2　切削速度对切削力的影响曲线

($f=0.15$ mm/rev，$a_{\mathrm{p}}=0.25$ mm，$r_{\mathrm{e}}=0.8$ mm)

如图 5.2 所示为在 $f=0.15$ mm/rev、$a_{\mathrm{p}}=0.25$ mm、$r_{\mathrm{e}}=0.8$ mm 的切削条件下，切削速度 v_{c}对切削力分量的影响情况。如图所述，当切削速度增大时，各切削力分量的变化很小。

如图 5.3 为在 $v_{\mathrm{c}}=500$ m/min、$a_{\mathrm{p}}=0.25$ mm、$r_{\mathrm{e}}=0.8$ mm 的切削条件下，进给量 f 对切削力分量的影响曲线。由图可知，随着进给量的增大，各切削力分量均有所增大，且主切削力 F_{c}和背向力 F_{p}增加较为明显。

如图 5.4 所示为 $v_{\mathrm{c}}=500$ m/min、$f=0.15$ mm/rev、$r_{\mathrm{e}}=0.8$ mm 时，切削深度 a_{p}对切削

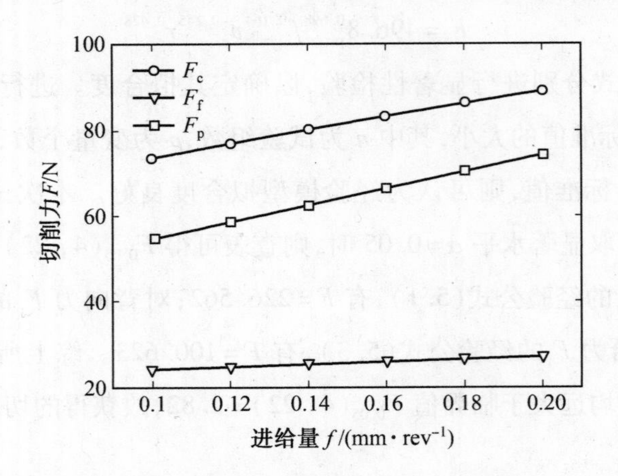

图 5.3 进给量对切削力的影响曲线

(v_c = 500 mm/min, a_p = 0.25 mm, r_e = 0.8 mm)

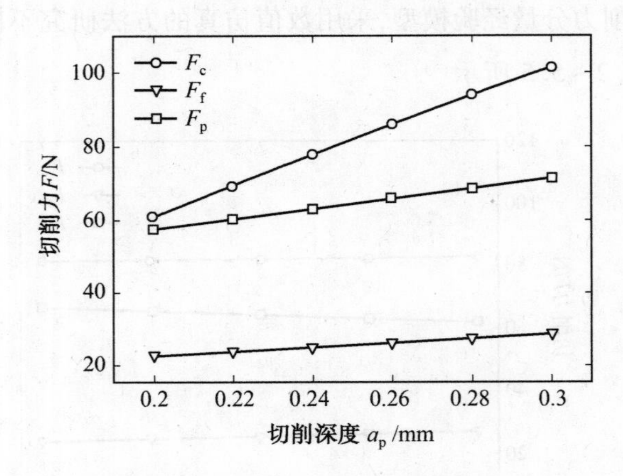

图 5.4 切削速度对切削力的影响曲线

(v_c = 500 m/min, f = 0.15 mm/rev, r_e = 0.8 mm)

力分量的影响情况。由图可知,当切削深度增大时,各切削力分量均增大,且主切削力 F_c 的增加非常显著,背向力 F_p 增加较 F_c 趋缓。

如图 5.5 给出了 v_c = 500 m/min、f = 0.15 mm/rev、a_p = 0.25 mm 时,刀尖圆弧半径 r_e 对切削力分量的影响情况。由图可知,随着刀尖圆弧半径的增大,各切削力分量均有所增大,且进给力 F_f 增加的较为明显。

综合比较上述曲线可知,切削深度对切削力的影响最大,进给量次之,刀尖圆弧半径也有一定影响,而切削速度的影响则非常微弱。同时,将仿真分析结果与极差分析、方差分析的结果进行比较可知,得出的切削参数对切削力的影响规律是一致的。

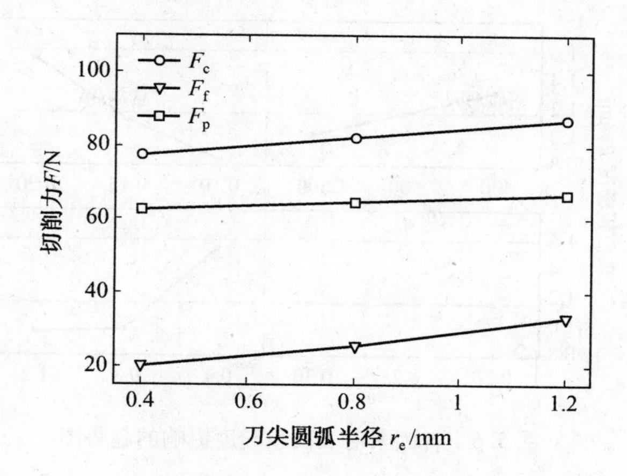

图5.5　刀尖圆弧半径对切削力的影响曲线

($v_c = 500$ m/min, $f = 0.15$ mm, $a_p = 0.25$ mm)

5.4　表面粗糙度预测与仿真分析

5.4.1　试验结果分析

分别采用极差分析法和稳健设计方法对正交试验结果进行分析处理,以确定切削速度、进给量、切削深度和刀尖圆弧半径对表面粗糙度影响的主次,确定各试验因素的优化水平及试验范围内的最优加工参数组合。

(1)极差分析。

采用极差分析法对正交试验结果进行分析处理,结果如图5.6所示。由图可知,表面粗糙度随切削速度和刀尖圆弧半径的增加而减小,随进给量的增加而显著增大。同时,进给量对表面粗糙度的影响最大,刀尖圆弧半径次之,再次为切削速度,而切削深度对表面粗糙度的影响则非常小,不同切削深度水平下的表面粗糙度值几乎一致。

为使已加工工件表面获得较低的表面粗糙度值,切削速度应采用其高值,进给量取其低值,刀具圆弧半径取其高值。由于切削深度对表面粗糙度的影响非常小,可根据实际加工需要确定。故在试验范围内,最优的加工参数组合应为 $v_c = 600$ m/min, $f = 0.1$ mm/rev, $r_e = 1.2$ mm。

对表面粗糙度的影响因素进行方差分析,以确定切削速度、进给量、切削深度和刀尖圆弧半径对表面粗糙度影响的主次,分析结果见表5.5。由表可知,进给量对表面粗糙度的影响最为显著,其贡献率达到49.58%;其次为刀尖圆弧半径,贡献率为36.74%;再次

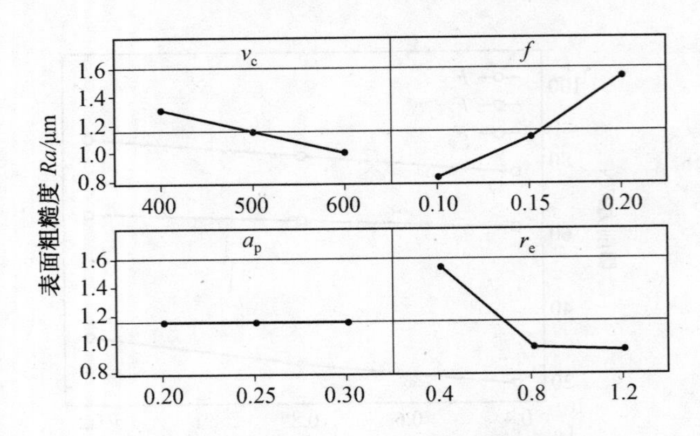

图 5.6 各因素对表面粗糙度影响的趋势图

为切削速度，贡献率为 12.93%；而切削深度对表面粗糙度的影响非常小，贡献率仅为 0.48%。

表 5.5 表面粗糙度影响因素的方差分析

方差来源	自由度 f	离差平方和 S	均方 S/f	F 值	贡献率/%
v_c	2	0.671 76	0.335 88	425.1	12.93
f	2	2.575 4	1.287 7	1 629.75	49.58
a_p	2	0.024 87	0.012 43	15.74	0.48
r_e	2	1.908 42	0.954 21	1 207.67	36.74
Error	18	0.014 22	0.000 79		0.27
Total	26	5.194 67			100

（2）稳健设计。

稳健设计方法是保证高质量产品的一种有效工程方法，它通过产品设计使产品的质量特性对设计因素和噪声因素的变差不敏感，即具有稳健性。作为一种最优化设计方法，稳健设计的两个主要工具是信噪比和正交表。采用信噪比作为特征数衡量质量，用正交表安排试验，选择最佳的参数组合。

在稳健设计中，用信噪比衡量质量，将其作为优化的目标函数，并使之最大。针对本次设计，希望表面粗糙度越小越好，即为望小特性，故信噪比计算表达式为

$$SNR = -10\lg\left(\frac{1}{n}\sum_{i=1}^{n} y_i^2\right) \tag{5.4}$$

式中 n——噪声因素的水平数；

y_i——第 i 组的试验结果值。

采用式（5.4）计算试验获得的表面粗糙度值的信噪比，记于表 5.3 中。

采用极差分析法对信噪比进行分析处理，结果如图 5.7 所示。由图可知，信噪比随切削速度和刀尖圆弧半径的增加而增大，随进给量的增加而显著减小。同时，进给量对信噪

比的影响最大,刀尖圆弧半径次之,再次为切削速度,而切削深度对信噪比的影响则非常小,不同切削深度水平下的信噪比值变化很小。

为获得最大的信噪比,切削速度应采用其高值,进给量取其低值,刀具圆弧半径取其高值;由于切削深度的影响非常小,可根据实际加工需要确定。故在试验范围内,加工参数组合为 $v_c = 600$ m/min,$f = 0.1$ mm/rev,$r_e = 1.2$ mm 时,信噪比取得最大值为 8.404 3,此时表面粗糙度 $Ra = 0.38$ μm 为最小,该结果与极差分析结果相同。

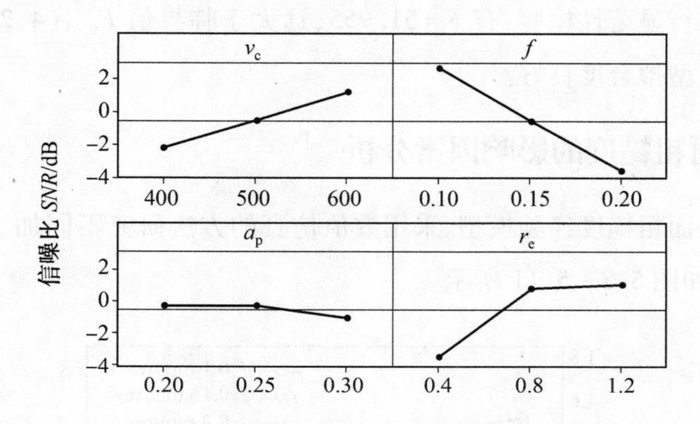

图 5.7　各因素对表面粗糙度信噪比影响的趋势图

对表面粗糙度信噪比的影响因素进行方差分析,以确定切削速度、进给量、切削深度和刀尖圆弧半径对信噪比影响的主次,分析结果见表 5.6。由表可知,进给量对信噪比的影响最为显著,其贡献率达到 47.88%;其次为刀尖圆弧半径,贡献率为 31.24%;再次为切削速度,贡献率为 14.12%;而切削深度对表面粗糙度的影响非常小,贡献率仅为 0.76%。

表 5.6　表面粗糙度信噪比影响因素的方差分析

方差来源	自由度 f	离差平方和 S	均方 S/f	F 值	贡献率/%
v_c	2	53.001	26.500 4	21.19	14.12
f	2	179.692	89.845 8	71.86	47.88
a_p	2	2.837	1.418 4	1.13	0.76
r_e	2	117.225	58.612 4	46.88	31.24
Error	18	22.506	1.250 3		6.00
Total	26	375.26			100

比较图 5.6 和 5.7 可知,极差分析法和稳健设计方法分别得出的加工参数对表面粗糙度的影响趋势是高度一致的;比较表 5.5 和 5.6 可知,加工参数对表面粗糙度的贡献率也是高度一致的。因此,极差分析法和稳健设计方法得出的分析结果是一致的,两种方法均可有效确定最优的加工参数组合。

5.4.2　表面粗糙度的经验模型

在机床加工系统和刀具几何参数确定的前提下,假设表面粗糙度与切削参数之间存在复杂的指数关系[10]。运用统计分析软件 MINITAB,对正交试验中得到的数据进行线性回归分析,得到表面粗糙度的经验公式如下

$$Ra=3658.3a_p^{0.187}f^{1.042}v_c^{-0.971}r_e^{-0.502} \tag{5.5}$$

对经验公式进行显著性检验,有 $F=51.955$,远大于临界值 $F_{0.05}(4,22)=2.82$,则该表面粗糙度经验模型拟合度良好。

5.4.3　表面粗糙度的影响因素分析

基于获得的表面粗糙度经验模型,采用数值仿真的方法研究不同加工参数对表面粗糙度的影响,结果如图 5.8 ~ 5.11 所示。

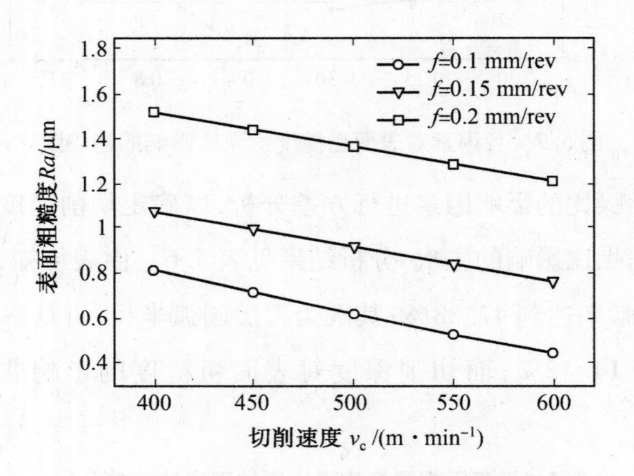

图 5.8　切削速度对表面粗糙度的影响曲线

($a_p=0.25$ mm, $r_e=0.8$ mm)

如图 5.8 所示为在 $a_p=0.25$ mm、$r_e=0.8$ mm 的切削条件下,切削速度 v_c 对表面粗糙度的影响情况。由图可知,当切削速度增大时,表面粗糙度呈下降趋势。

如图 5.9 所示为在 $v_c=500$ m/min、$a_p=0.25$ mm 的切削条件下,进给量 f 对表面粗糙度 Ra 的影响曲线。由图可知,随着进给量的增大,表面粗糙度几乎线性增加,且影响明显。

如图 5.10 所示为 $v_c=500$ m/min、$r_e=0.8$ mm 时,切削深度 a_p 对表面粗糙度 Ra 的影响情况。由图可知,当切削深度增大时,表面粗糙度略有下降,但影响非常微弱。

如图 5.11 所示为 $v_c=500$ m/min、$a_p=0.25$ mm 时,刀尖圆弧半径 r_e 对表面粗糙度 Ra

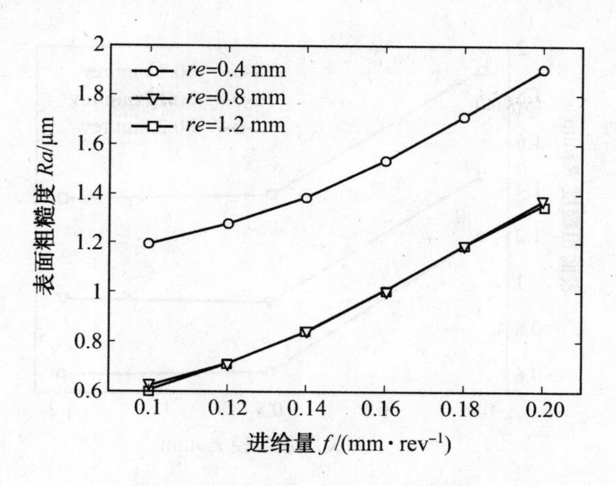

图 5.9　进给量对表面粗糙度的影响曲线

($v_c = 500$ mm, $a_p = 0.25$ mm)

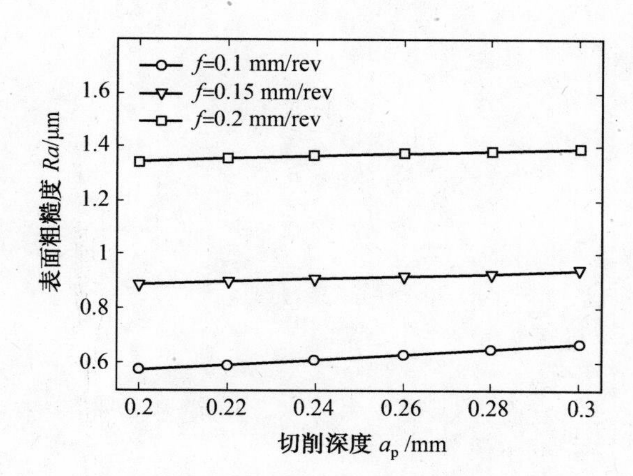

图 5.10　切削深度对表面粗糙度的影响曲线

($v_p = 500$ m/mm, $r_e = 0.8$ mm)

的影响情况。由图可知，随着刀尖圆弧半径的增大，表面粗糙度呈下降趋势，且当 r_e 由 0.8 mm提高至 1.2 mm 时变化趋缓。

综合比较上述曲线可知，进给量对表面粗糙度的影响最大，刀尖圆弧半径次之，切削速度也有较大影响，而切削深度的影响则非常微弱。同时，将仿真分析结果与极差分析、稳健设计结果比较可知，得出的切削参数对表面粗糙度的影响规律是一致的。

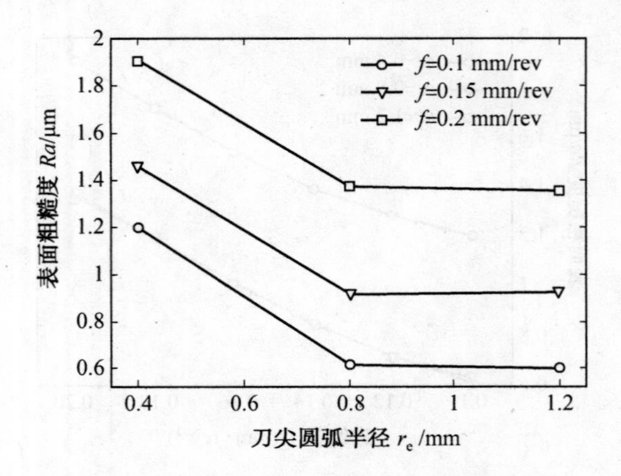

图 5.11 刀尖圆弧半径对表面粗糙度的影响曲线

（$v_c=500$ m/min，$a_p=0.25$ mm）

第6章　车削加工过程参数优化的研究

6.1　引　言

切削参数的优化选择是机械加工中的一个重要议题，它对于提高产品生产率、降低生产成本、提高设备利用率具有重要意义。目前大多数工厂在生产中凭经验或参考切削用量手册来选择切削用量，往往达不到切削参数的最优选择。而运用现代切削理论、数学建模与模型分析方法寻求切削参数的最优组合，是切削参数优化选择的一个重要方向。

在车削加工中，细长轴是典型的难加工零件，对操作者的技能提出了更高的要求。如切削参数选择不当，则难以保证工件的加工精度，甚至发生剧烈颤振使加工无法正常进行。本章将结合所提出的尺寸误差预测模型和切削稳定性模型，对细长轴多次走刀加工中的切削参数进行优化。由于切削参数优化中的目标函数和约束条件均为非线性方程，如采用传统的优化算法，不仅计算复杂而且不易搜索全局最优解。遗传算法作为强有力且应用广泛的随机搜索和优化算法，具有传统搜索算法所没有的鲁棒性、自适应性、全局优化性和隐含并行性。采用遗传算法进行切削加工参数优化，可以克服应用传统优化方法进行非线性、多目标函数优化时的低效、易收敛于局部最优解的缺陷，故已经得到了广泛的应用[58,61,101-107]。因此，本章将采用遗传算法对细长轴多次走刀加工中的切削参数进行优化。首先建立多次走刀加工中参数优化的数学模型；然后，利用上述的尺寸误差模型和切削稳定性模型对优化过程进行约束，以指导细长轴车削参数的优化选择，使细长轴加工既实现无颤振切削，又能充分发挥所用机床的性能，在保证产品质量的条件下，显著提高切削效率。

6.2　遗传算法理论及其应用

遗传算法(Genetic Algorithm，GA)是模拟生物在自然环境中的遗传和进化过程而形成的一种自适应全局优化概率搜索算法。它建立在自然选择和自然遗传机理的基础上，体现着生存竞争、优胜劣汰、适者生存的竞争机制。

与其他的搜索和优化方法(如梯度搜索算法、动态规划法、枚举法和启发式算法等)

相比,遗传算法具有以下特点[108]:

(1)以决策变量的编码作为运算对象。

传统优化算法往往直接利用决策变量的实际值本身来进行优化计算,而遗传算法以决策变量的某种形式的编码为运算对象。这种编码处理方式使得在优化过程中可以借鉴染色体和基因等概念,模仿生物的遗传和进化等机理,并方便地应用遗传操作算子。对于一些无数值概念的优化问题,编码处理方式更显示出其独特的优越性。

(2)直接以目标函数值作为搜索信息。

传统优化算法往往需要目标函数的导数值等辅助信息才能确定搜索方向。而遗传算法仅使用由目标函数值变换来的适应度函数值,就可确定进一步的搜索方向和搜索范围,无需其他辅助信息。

(3)同时使用多个搜索点的搜索信息。

传统优化算法往往从解空间中的一个初始点开始至最优解的迭代搜索过程,搜索效率不高,甚至使搜索过程陷于局部最优解。遗传算法从由很多个体所组成的一个初始群体开始最优解的搜索过程,经运算后产生包含很多群体信息的新一代群体,这是遗传算法所特有的一种隐含并行性。

(4)使用概率搜索技术。

传统优化算法往往使用确定性的搜索方法,这种确定性有可能使搜索达不到最优点,限制了算法的应用范围。遗传算法属于自适应概率搜索技术,其运算是以一种计算概率的方式进行的,从而增加了搜索过程的灵活性。

遗传优化是一个典型的迭代过程,其一般流程如图6.1所示。在优化过程中,主要的遗传操作是选择、交叉和变异。它们构成了算法的核心,是模拟自然界选择以及遗传过程中发生的繁殖、杂交和突变现象的主要载体。

(1)选择(Selection)。

选择操作是用来从父代群体中按某种方法选取个体遗传到下一代群体中的遗传运算,以实现个体的优胜劣汰。

(2)交叉(Crossover)。

交叉是指对两个相互配对的染色体按某种方式相互交换其部分基因,从而形成两个新的个体。交叉运算是遗传算法区别于其他进化算法的重要特征,是产生新个体的主要方法,它决定了遗传算法的全局搜索能力。

(3)变异(Mutation)。

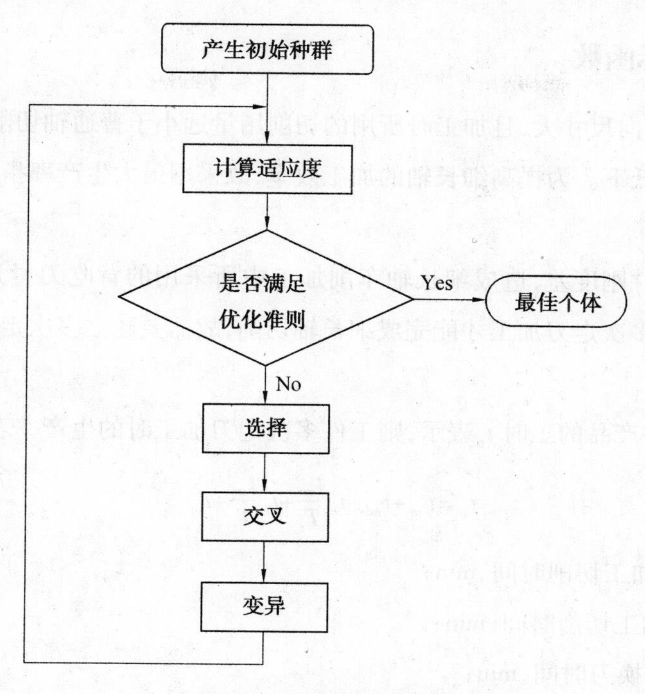

图6.1　遗传算法的流程图

变异是指将个体染色体编码串中的某些基因座上的基因值用其他等位基因来替换，从而形成新的个体。变异实际上是子代基因按小概率扰动产生的变化，是产生新个体的辅助方法。但变异操作是必不可少的运算步骤，它决定了遗传算法的局部搜索能力，同时维持群体的多样性，防止出现早熟现象。

遗传算法作为一种有效的全局搜索方法，提供了求解复杂系统优化问题的通用框架，它不依赖于问题的具体领域，对问题的种类有很强的鲁棒性，所以广泛应用于很多学科，如组合优化、非线性函数优化、工程设计优化、神经网络的权值和拓扑结构优化、系统辨识与控制、机器学习、图像处理与智能信息处理、决策规划、程序自动生成和人工生命等诸多领域[109]。

6.3　多次走刀加工中参数优化的数学模型

所谓切削参数优化，就是在一定约束条件下选择可实现预定目标的最佳的切削参数值。进行切削参数的优化选择时，首先确定优化目标，然后建立优化目标与切削参数之间关系的目标函数，并根据工艺系统和加工条件及加工要求的限制建立各约束方程，联立求解目标函数方程和约束方程，即可求出所需的最优解。

6.3.1　目标函数

由于细长轴轴向尺寸大，且加工时所用的切削用量远小于普通轴切削加工，造成走刀时间长，生产效率低下。为提高细长轴的加工效率，故采用最大生产率指标作为切削参数优化的目标。

同时，由于工件刚度差，造成细长轴车削加工中所采用的背吃刀量远小于普通轴加工，往往需要进行多次走刀加工才能完成细长轴切削，故需要建立多次走刀加工中参数优化的数学模型。

生产率由单件产品的工时 t_p 表示，则工件多次走刀加工时的生产率表示为

$$t_p = t_{mr} + t_{mf} + t_{ct}\frac{t_{mr}}{T_r} + t_{ct}\frac{t_{mf}}{T_f} + t_{ot} \tag{6.1}$$

式中　t_{mr}—— 粗加工切削时间，min；

t_{mf}——精加工切削时间，min；

t_{ct}——一次换刀时间，min；

T_r—— 粗加工时的刀具使用寿命，min；

T_f—— 精加工时的刀具使用寿命，min；

t_{ot}—— 除换刀时间以外的其他辅助时间，min。

对于给定的加工操作，参数 t_{ct} 和 t_{ot} 是常值，因此生产率是切削时间 t_{mr}，t_{mf} 和刀具使用寿命 T_r，T_f 的函数。只要分别确定粗、精加工中的切削时间和刀具使用寿命，即可确定加工的生产效率。

在粗加工阶段，由于需要进行多次走刀切削，造成被优化变量过多、优化时间长。为简化计算过程，令每次走刀加工时均采用相等的背吃刀量、进给量和切削速度。设粗加工时共进行 n 次走刀切削，则粗加工切削时间 t_{mr} 表示为 n 次走刀切削时间之和，即

$$t_{mr} = \sum_{i=1}^{n} t_{mr_i} = \sum_{i=1}^{n} \frac{\pi L D_{i-1}}{1\,000\, f_r v_r} \tag{6.2}$$

式中　t_{mr_i}——第 i 次粗加工走刀时间，min；

f_r——粗加工时的进给量，mm/r；

v_r—— 粗加工时的切削速度，m/min；

D_{i-1}——第 i 次粗加工走刀前的工件直径，mm；

L——工件长度，mm。

设粗加工时每次走刀的背吃刀量为 a_{pr}，工件的原始直径为 D，则

$$t_{mr}=\sum_{i=1}^{n}\frac{\pi L[D-2(i-1)a_{pr}]}{1000f_r v_r}=\frac{\pi L}{1000f_r v_r}[nD-(n-1)na_{pr}] \tag{6.3}$$

在完成粗加工的 n 次走刀切削后，进行 1 次精加工操作，则精加工时的切削时间表示为

$$t_{mf}=(\frac{\pi L}{1\,000f_f v_f})(D-2na_{pr}) \tag{6.4}$$

式中　f_f——精加工时的进给量，mm/r；

v_f——精加工时的切削速度，m/min。

刀具使用寿命 T_r，T_f和切削用量的关系由 Taylor 公式表示为

$$T_r=\frac{C_T}{v_r^x f_r^y a_{pr}^z},\quad T_f=\frac{C_T}{v_f^x f_f^y a_{pf}^z} \tag{6.5}$$

式中　C_T——刀具使用寿命系数，与刀具、工件材料和切削条件有关；

x,y,z——指数，分别表示切削速度、进给量和背吃刀量对刀具使用寿命的影响程度。

6.3.2　约束条件

约束条件是为了保证加工质量、机床和刀具的安全，对切削用量最大值设定的限制。所考虑的约束条件如下：

(1)尺寸误差约束。

采用第 4 章所建立的细长轴车削加工尺寸误差预测模型，对优化过程中的切削用量进行限制，以使优化结果满足指定的尺寸误差要求。由尺寸误差预测模型可知，在给定车床、跟刀架、刀具和工件材料的前提下，尺寸误差 ΔD_{max} 是切削用量的函数，即

$$\Delta D_{max}=F(a_p,f,v) \tag{6.6}$$

对于指定的细长轴车削加工操作，工件的鼓形误差 ΔD_{max}(mm)应小于加工的允许值 ΔD_{max}(mm)。考虑到所建立的尺寸误差预测模型的最大预测误差为 10 μm，为稳妥起见，在参数优化过程中应使精加工时的切削用量满足

$$F(a_{pf},f_f,v_f)\leqslant \Delta D-0.01 \tag{6.7}$$

(2)切削稳定性约束。

采用第 3 章所建立的细长轴车削加工稳定性预测模型，对优化过程中的切削用量进行限制，以保证细长轴加工过程的平稳性。由于细长轴不同切削点处所对应的极限切削宽度值不同，为使整个加工过程保持平稳，必须确定加工路径上稳定性最薄弱的切削点位置，并以该点处的切削稳定性极限值对切削用量加以限制。

为确定稳定性最薄弱的切削点位置,分别计算出不同切削点处的极限切削宽度最小值 b_{min},则最小的 b_{min} 所对应位置即为最薄弱的切削点位置。设该点处的极限切削宽度最小值为 $\min(b_{min})$,则在优化过程中应使粗、精加工中的背吃刀量 a_{pr} 和 a_{pf} 均满足

$$\begin{cases} a_{pr} \leqslant \min(b_{min}) \cdot \sin \kappa_r \\ a_{pf} \leqslant \min(b_{min}) \cdot \sin \kappa_r \end{cases} \tag{6.8}$$

(3)表面粗糙度约束。

在优化过程中,应使精加工时的进给量 f_f 满足下式,以使优化结果满足指定的表面粗糙度要求。

$$\frac{f_f^2}{8r_\varepsilon} \leqslant \frac{R_a}{1\ 000} \tag{6.9}$$

式中 r_ε——刀尖圆弧半径,mm;

R_a——加工允许的表面粗糙度,μm。

(4)切削用量约束。

考虑到细长轴车削加工的特点,对其切削用量进行如下限制:

$$\begin{cases} a_{prmin} \leqslant a_{pr} \leqslant a_{prmax},\ f_{rmin} \leqslant f_r \leqslant f_{rmax},\ v_{rmin} \leqslant v_r \leqslant v_{rmax} \\ a_{pfmin} \leqslant a_{pf} \leqslant a_{pfmax},\ f_{fmin} \leqslant f_f \leqslant f_{fmax},\ v_{fmin} \leqslant v_f \leqslant v_{fmax} \end{cases} \tag{6.10}$$

(5)其他约束。

设加工中的待去除量为 d_t,则参数优化中应使粗加工时的背吃刀量 a_{pr}、精加工时的背吃刀量 a_{pf} 和粗加工走刀次数 n(正整数)保持如下关系:

$$n \cdot a_{pr} + a_{pf} = d_t \tag{6.11}$$

在细长轴车削加工中,工件在切削力作用下的变形和振动是影响加工质量的主要原因,故为减小切削力,所采用的背吃刀量较普通轴加工时小很多。因此,所采用的约束条件中未考虑机床功率、机床进给机构强度和刀杆刚性对切削参数的限制。

综上所述,细长轴多次走刀车削加工中的参数优化问题可以归结为:以粗加工切削用量 a_{pr}、v_r、f_r 和精加工切削用量 a_{pf}、v_f、f_f 为决策变量,最大生产率指标 t_p 为目标函数,在满足式(6.7)~(6.11)约束条件的情况下,使目标函数最小,即

$$\min t_p(a_{pr}, v_r, f_r, a_{pf}, v_f, f_f) \tag{6.12}$$

6.4 细长轴车削加工参数的优化求解

本节将采用遗传算法,对使用跟刀架车削细长轴时的加工参数进行优化选择。遗传

优化程序在MATLAB软件环境中编制与运行,下文将通过优化实例说明切削参数的遗传优化过程,并进行切削试验以验证细长轴多次走刀加工中参数优化方法的有效性。

6.4.1　遗传算法的参数设置

由遗传算法的运行流程(图6.1)可知,在使用遗传算法进行切削参数优化时,需完成如下的运行参数设置。

(1)遗传编码。

编码是应用遗传算法时要解决的首要问题,也是设计遗传算法的一个关键步骤。编码方法在很大程度上决定了如何进行群体的遗传进化运算,以及遗传进化运算的效率。

在各种编码方法中,实数编码(Real-coded GA)对于函数优化问题最为有效[110]。关于实数编码在函数优化和约束优化领域比二进制编码和Gray编码更有效的说法,已经得到了广泛的验证。基于实数编码的遗传算法是对连续参数优化问题的自然描述,不存在编码和解码过程,能大大提高解的精度和收敛速度;便于进行大空间搜索;既可以克服二进制编码所引起的海明悬崖(Hamming cliffs)问题,又具有微调功能;且具有便于和其他搜索技术相结合等优势[111]。基于上述原因,采用实数编码方式对决策变量进行编码处理。

(2)适应度分配。

采用基于排序的适应度分配法(Rank-based fitness assignment)完成个体选择概率的分配。在基于排序的适应度分配中,对群体中的所有个体按照其适应度大小进行排序,基于排序来分配各个个体被选中的概率。适应度值仅仅决定了个体在种群中的序位,而不是实际的目标值。该方法引入种群均匀尺度,克服了比例适应度计算的尺度问题,且具有良好的鲁棒性。

(3)选择运算。

采用轮盘赌选择(Roulette selection)算子,模拟赌盘操作以0~1之间的随机数来确定各个个体被选中的次数。

(4)交叉运算。

采用单点交叉(Single point crossover)算子,在个体编码串中随机设置一个交叉点,然后在该点相互交换两个配对个体的部分染色体。

(5)变异运算。

采用高斯变异(Gaussian mutation)算子完成变异运算。高斯变异是改进遗传算法对重点搜索区域的局部搜索性能的一种变异操作方法,即用符合正态分布的一个随机数来替换原有基因值的变异操作过程。

(6)运行参数。

遗传算法中需要选择的运行参数主要有个体编码串长度、群体大小、交叉概率、变异概率、终止代数、代沟等。本文采用如下运行参数：

编码串长度 $l=6$(即决策变量的个数)　群体大小 $M=30$

交叉概率 $p_c=0.8$　异概率 $p_m=0.01$

终止代数 $T=100$　代沟 $G=1$

6.4.2　优化实例

此处以使用跟刀架加工直径 $D=24$ mm、长度 $L=750$ mm 的细长轴为例，说明细长轴车削加工的参数优化求解过程。加工质量要求为表面粗糙度 $Ra=3.2$ μm、尺寸误差为 $\Delta D=0.015$ mm。加工过程中，细长轴采用卡盘-顶尖装夹，跟刀架与车刀间的距离为 $l_c=20$ mm，所用机床及跟刀架的刚度已在第4章中通过试验测得。使用YT15硬质合金可转位车刀加工45钢圆棒料，车刀的几何角度见表6.1。优化过程中所用的其他参数根据切削用量手册确定，见表6.2。

表6.1　试验用刀具的几何角度

主偏角 κ_r	副偏角 κ'_r	前角 γ_o	后角 α_o	刃倾角 λ_s	刀尖圆弧半径 r_e/mm
75°	15°	15°	5°	-5°	0.4

表6.2　切削参数优化中使用的参数

$T_c=1.05$ mm	$T_o=1.5$ min	$C_T=2.086\times10^{-12}$
$x=5$	$y=1$	$z=0.75$
$v_{rmin}=20$ m/min	$v_{rmax}=80$ m/min	$f_{rmin}=0.1$ mm/r
$f_{rmax}=0.3$ mm/r	$a_{prmin}=0.1$ mm	$a_{prmax}=2$ mm
$v_{fmin}=1$ m/min	$v_{fmax}=80$ m/min	$f_{fmin}=0.028$ mm/r
$f_{fmax}=0.3$ mm/r	$a_{pfmin}=0.02$ mm	$a_{pfmax}=1$ mm

在进行切削参数优化运算之前，首先利用稳定性极限预测模型计算出稳定性最薄弱的切削点位置。极限切削宽度最小值曲线如图6.2所示，切削点 $z/L=0.57$ 处对应的极限切削宽度最小值 $b_{min}=0.5748$ mm 最小，则该点即为稳定性最薄弱的切削点位置，应以该点处的 b_{min} 值对加工中所用的背吃刀量进行限制，即式(6.8)中 $\min(b_{min})=0.5748$ mm。使用编制的程序进行切削参数的遗传优化，结果见表6.3。

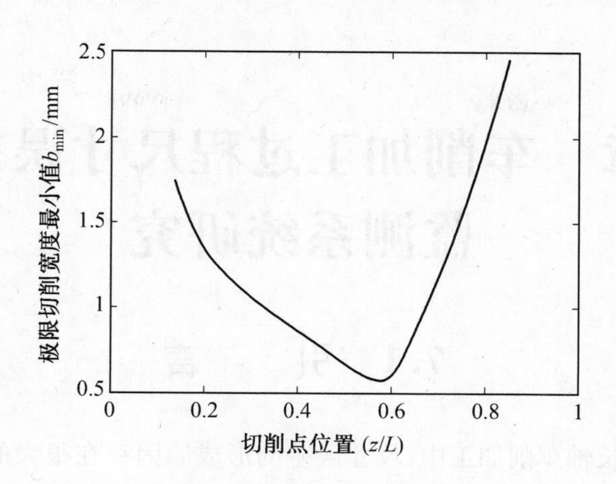

图 6.2　极限切削宽度最小值曲线

表 6.3　多次走刀加工中切削参数优化的结果

序号	去除量 d_t/mm	优化结果							
		n	a_{pr}	f_r	v_r	a_{pf}	f_f	v_f	t_p
1	1	2	0.490 5	0.3	80	0.02	0.101 2	80	14.026
2	2	4	0.495 2	0.3	80	0.02	0.101 2	80	17.668

6.4.3　试验验证

采用经优化后的切削参数进行切削试验，试验结果见表 6.4。由表可知，整个细长轴加工过程均保持平稳，且满足指定的尺寸误差和表面粗糙度要求。故本章建立的切削参数优化系统可使细长轴加工既实现了无颤振切削，又能在保证产品质量的前提下显著提高加工效率。

表 6.4　细长轴切削参数优化的试验结果

序号	鼓形误差 ΔD_{max}/mm	表面粗糙度 Ra/μm	加工稳定性
1	0.006	2.8	平稳
2	0.008	3.1	平稳

第7章　车削加工过程尺寸误差实时监测系统研究

7.1 引　　言

在普通轴和细长轴车削加工中,尺寸误差的形成原因存在很大的差异。普通轴加工中,由于工件刚度大,尺寸误差主要由夹具和刀架的受力变形引起,可通过提高机床相应部件的刚度来减小尺寸误差的产生。细长轴的尺寸误差主要是由工件刚度低、易弯曲变形引起,即最主要的误差源为工件的受力变形,故仅提高机床精度并不能解决主要问题。在这种情况下,采用误差在线监测与补偿控制技术可显著减小细长轴加工中的尺寸误差。目前,对车削加工中尺寸误差在线监测的研究均针对普通轴。而精确的细长轴车削加工尺寸误差实时监测是对细长轴车削加工进行在线补偿控制的前提,故建立针对细长轴的尺寸误差在线监测系统具有重要的应用价值。

本章将建立细长轴车削加工尺寸误差的实时监测系统。由于金属切削加工过程的复杂性、随机性和不确定性,使其工况监测、预报和控制非常困难,一直困扰着工程界。神经网络的非线性映射能力,对任意函数的逼近能力和并行高速计算能力,均为解决这类问题提供了有力工具[112-119],故将采用神经网络技术进行尺寸误差的实时监测。考虑到在线监测神经网络模型的输入参数对建模精度有重要影响,为提高细长轴车削加工尺寸误差的实时预测精度,将结合正交试验法和神经网络建模技术,对实时预测模型的输入参数进行选择。

7.2　神经网络及其在机械加工中的应用

人工神经网络(Artificial Neural Network,ANN)是模拟人脑的组织和工作原理构成的一种信息处理系统。作为生物控制论发展的一个辉煌成果,神经网络已经广泛地应用于各个工程领域,并与遗传算法、模糊推理和专家系统一起,成为人工智能科学中的基础技术。

与其他的模型不同,人工神经网络模型是关于人类大脑的拓扑结构,从漫长的生物进化过程中吸收精华，从而形成了以下特点[120]。

(1)结构化。

人工神经网络模型是一种结构化模型。它由一定数量的功能简单的神经元相互连接而成，一个神经元的输出与其他神经元的输入按一定的权值相连接。人工神经网络的特别之处就在于它所包含的诸神经元之间的连接方式，包括连接关系和连接强度（即权值），也就是该模型的组织结构。不同的组织结构，构成不同的模型，描述不同的对象，实现不同的目的。这种以大量简单元素形成一定的组织结构，以获得所需宏观性能的建模方式称为结构化建模，所构成的模型称为结构化模型。

(2)分布式、全息性和鲁棒性。

人工神经网络作为一种结构化模型，它以所包含的诸神经元之间的连接方式来反映所代表对象的特征，而不是将信息分布储存于各个单元之中。这种模型的总体性能反映了对象的宏观特征，但是模型的各个部分与对象的各个部分或各项特征之间并不存在分布的对应关系。事实上，对象的任一部分或任一项特征，都是由所有的权值（或相当多的权值）综合反映的。另一方面，一项连接权值可能与对象的多个部分或多个性能有关。鉴于此，我们说人工神经网络模型的信息储存是分布式的或全息式的。在这种信息储存方式下，模型各部分所储存的信息相互支持，相互补充，从而赋予模型较强的容错抗错性能和联想能力，使它不会因为部分神经元的损坏而严重影响其总体性能，也不会因为输入信号受到一定程度的噪声污染而严重扭曲其输出，故人工神经网络模型具有鲁棒性。

(3)并行性。

输入信息在人工神经网络模型中是以一种并行的方式进行处理的。在这种方式下，网络中的各个神经元各自独立地从与其输入端相连接的其他神经元采集输入，并计算其输出，再将其传递给上一层的神经元，作为它们的一个输入，或作为整个模型的输出。在这种模型中，各神经元在信息共享的基础上，按规则各尽其职，又相互配合。这种并行模式赋予模型高速的信息处理能力和对于输入变量的快速响应能力。

(4)非线性。

利用人工神经网络模型可以实现多变量之间的各种非线性映射。人工神经网络的非线性映射特性，使其具有广阔的应用前景。

经过几十年的发展，目前已有数十种神经网络模型，其主要可以分成三类：前馈神经网络（Feedforward NNs）、反馈神经网络（Feedback NNs）和自组织神经网络（Self-organizing NNs）。

多层前馈神经网络是人工神经网络模型中应用最为广泛的一类网络，本研究将采用该网络进行尺寸误差监测。如图 7.1 所示，它由输入层、隐层和输出层构成。输入层和输出层神经元数目 n 和 m 按实际需要确定，而隐层的神经元数目一般由经验确定。神经元之间相互连接，但同一层的神经元之间并不相连，输入信息 X 从输入层经隐层向前传到输出层，成为输出 Y，从而完成由输入空间 $\mathbf{R}^n$ 到输出空间 $\mathbf{R}^m$ 的非线性映射。网络中诸神经元权值和阈值的调整与优化由误差反向传播（Back-Propagation，BP）算法完成。

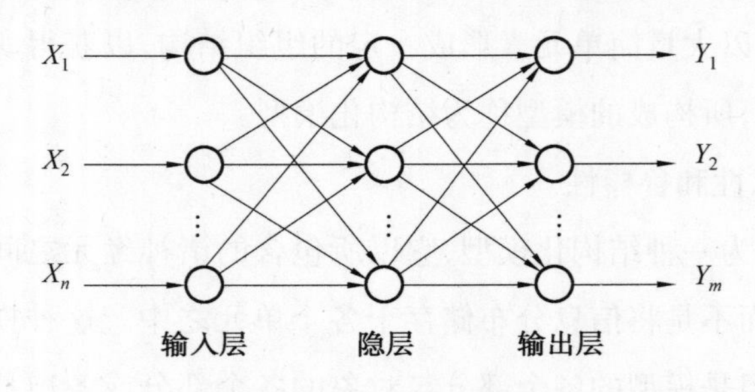

图 7.1　多层前馈神经网络

BP 算法的训练过程可分为两个过程：

（1）输入信息从输入层，经隐层到输出层逐层处理并计算出各神经元节点的实际输出值，这一过程称为信息的正向传播过程。

（2）计算网络的实际输出与训练样本期望值的误差，若该误差未达到允许值，根据此误差确定权重的调整量，从后往前逐层修改各层神经元节点的连接权重，这一过程称为误差的逆向修改过程。两个过程完成了一次学习迭代。这种信息的正向传递与根据误差逆向修改网络权重的过程，是在不断迭代中重复进行的，直到网络的输出误差逐渐减少到允许的精度，或达到预定的学习次数。

人工神经网络在机械工程领域内的应用极为广泛，可以概括为如下方面：机械故障的智能诊断、机械运行过程中的工况预报与控制、多传感器信息的集成与融合、机械系统的辨识与智能控制，以及制造过程中作业计划的优化等。可以预见，随着时间的推移和研究的深入，人工神经网络技术在机械工程领域内还将出现更多的应用研究课题。

7.3　实时预测模型的输入参数选择与模型建立

在应用神经网络技术进行加工状态监测时，神经网络的作用（图 7.2）是通过检测与加工状态相关的一系列动态信号，如切削力、温度场、振动、噪声等，提取其特征参数，作为神经网络的输入，网络的输出则为所识别出的工艺系统状态。因此，作为工况信息载体的输入参数的选择，对神经网络建模精度有重要影响，合理的输入参数组合能够极大地提高神经网络模型的精度。

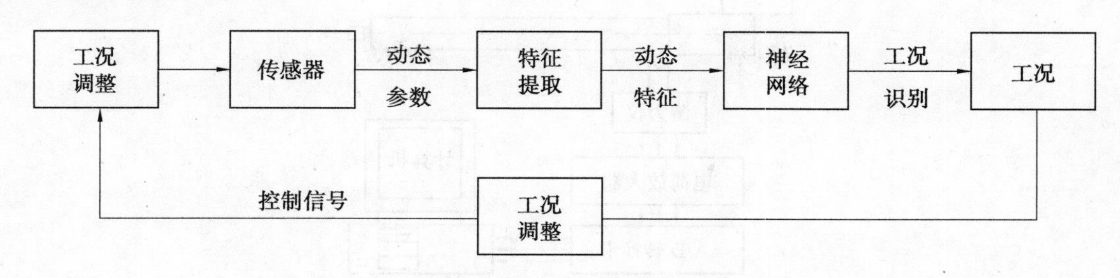

图7.2　神经网络在加工状态监测中的作用

本节将结合正交试验法和神经网络建模技术，分析切削用量、工件尺寸参数和切削力分量对实时尺寸误差预测精度的影响，并根据分析结果对实时预测神经网络模型的输入参数进行选择。

7.3.1　试验设计

神经网络的培训和验证数据均由试验获得。为减少试验次数，采用正交试验法收集神经网络培训样本，正交试验的因素和水平见表7.1。其中切削用量的取值范围参照切削用量手册确定。

表7.1　培训样本的正交切削试验因素水平表

因　素	水　平		
切削速度 $v_c/(\mathrm{m\cdot min^{-1}})$	30	45	60
进给量 $f/(\mathrm{mm\cdot r^{-1}})$	0.1	0.15	0.2
背吃刀量 a_p/mm	0.1	0.2	0.3
工件直径 D/mm	20	25	30
工件长径比 L/D	10	20	30

切削试验在CA6140A普通车床上进行，使用YT15硬质合金可转位车刀加工45钢圆棒料，刀具几何角度见表7.2，工件材料的力学性能见表3.3。所有试验均采用卡盘-顶尖方式装夹工件，并使用乳化液冷却润滑。

表7.2　试验用刀具的几何角度

主偏角 κ_r	副偏角 κ'_r	前角 γ_o	后角 α_o	刃倾角 λ_s
90°	15°	18°	2°	-2°

在线监测系统组成如图7.3所示，切削力分量由瑞士KISTLER公司生产的9257A型三向压电式测力仪进行在线测量，测力仪的输出信号经KISTLER 5007型电荷放大器进行放大处理后，通过PCI 8310型A/D转换卡输入计算机。数据采集处理系统由LABVIEW软件编制，完成对切削力分量实时采样信息的平滑处理和尺寸误差的在线监测。

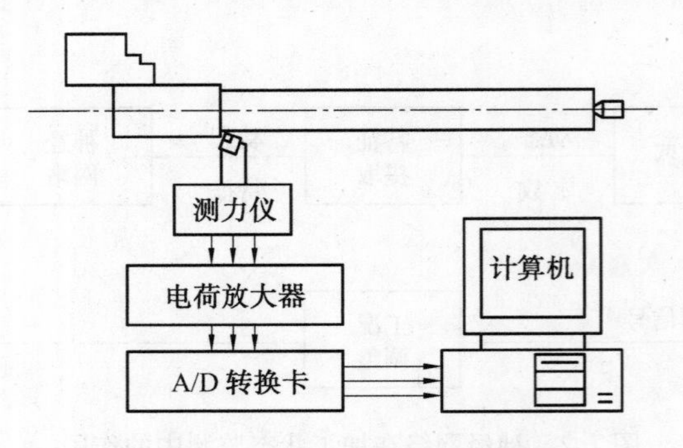

图 7.3　在线监测系统组成示意图

图 7.4 给出了试验中获得车削加工中的典型切削力信号，其切削参数为 v_c = 30 m/min、f=0.2 mm/r、a_p=0.2 mm、D=20 mm 和 L/D=30。由图可知，当切削进行至工件中部时出现了明显的让刀现象，工件变形使实际背吃刀量小于名义背吃刀量，从而使切削力有所降低。同时，由于工件变形在整个加工路径上呈不均匀分布，造成实际背吃刀量分布不均匀，导致切削力在加工过程中是随切削点位置而变化的。

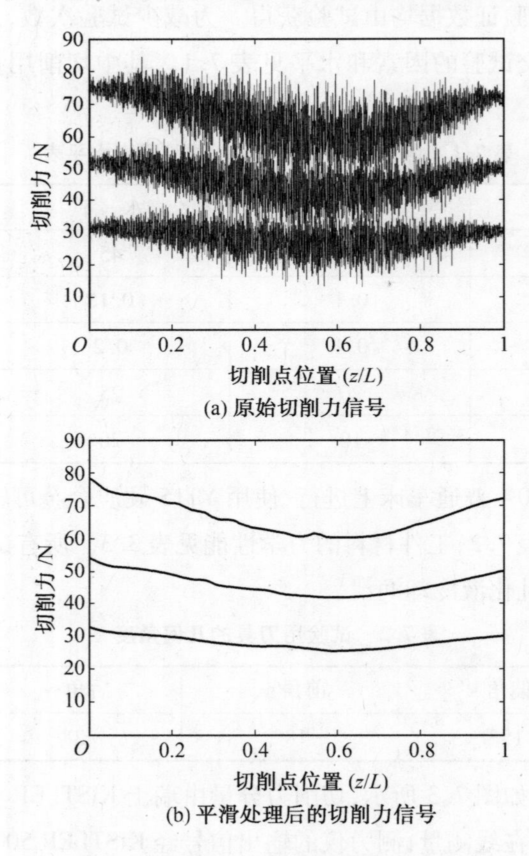

(a) 原始切削力信号

(b) 平滑处理后的切削力信号

图 7.4　车削加工中的典型切削力信号

被加工工件的尺寸误差由数显千分尺进行测量，对于指定测量点分别进行 3 次测量，并以平均值作为该点的尺寸误差值。通过上述正交试验,得到 27 组培训数据,见表 7.3。神经网络的验证数据亦通过试验获得,验证数据由 20 组数据组成,其中 8 组数据根据正交表产生,另外 12 组数据随机产生,且所有验证数据与培训数据互不重叠,得到的验证数据见表 7.4。

表 7.3　在线监测神经网路模型的培训数据

序号	加工参数					切削点	切削力			尺寸误差
	v_c /(m·min^{-1})	f /(mm·r^{-1})	a_p /mm	D /mm	L/D	z/L	F_c /N	F_p /N	F_f /N	/μm
1	30	0.1	0.1	20	10	0.1	22.75	11.15	18.11	2
2	30	0.1	0.2	25	20	0.5	44.12	20.23	35.11	17
3	30	0.1	0.3	30	30	0.9	66.87	29.41	53.22	18
4	30	0.15	0.1	25	30	0.1	30.82	14.21	22.16	2
5	30	0.15	0.2	30	10	0.5	61.16	26.32	43.97	6
6	30	0.15	0.3	20	20	0.9	90.17	37.33	64.84	22
7	30	0.2	0.1	30	20	0.1	38.21	16.87	25.57	2
8	30	0.2	0.2	20	30	0.5	62.30	27.33	43.70	76
9	30	0.2	0.3	25	10	0.9	111.97	44.40	74.93	21
10	45	0.1	0.1	25	20	0.9	21.00	9.7	15.10	6
11	45	0.1	0.2	30	30	0.1	42.85	18.43	30.82	2
12	45	0.1	0.3	20	10	0.5	63.86	26.38	45.92	7
13	45	0.15	0.1	30	10	0.9	28.43	12.36	18.48	6
14	45	0.15	0.2	20	20	0.1	58.02	23.48	37.70	2
15	45	0.15	0.3	25	30	0.5	79.02	31.00	51.35	72
16	45	0.2	0.1	20	30	0.9	34.85	14.53	21.07	9
17	45	0.2	0.2	25	10	0.1	71.97	27.90	43.52	2
18	45	0.2	0.3	30	20	0.5	104.07	38.88	62.93	30
19	60	0.1	0.1	30	30	0.5	19.18	8.53	12.83	17
20	60	0.1	0.2	20	10	0.9	40.50	16.70	27.10	8
21	60	0.1	0.3	25	20	0.1	61.58	24.35	41.21	2
22	60	0.15	0.1	20	20	0.5	26.70	11.13	16.15	11
23	60	0.15	0.2	25	30	0.9	54.35	21.11	32.86	13
24	60	0.15	0.3	30	10	0.1	83.42	31.05	50.45	2
25	60	0.2	0.1	25	10	0.5	34.16	13.61	19.22	3
26	60	0.2	0.2	30	20	0.9	67.20	25.02	37.82	15
27	60	0.2	0.3	20	30	0.1	103.42	36.88	58.19	3

表 7.4 在线监测神经网路模型的验证数据

序号	加工参数					切削点	切削力			尺寸误差
	v_c /(m·min^{-1})	f /(mm·r^{-1})	a_p /mm	D /mm	L/D	z/L	F_c /N	F_p /N	F_f /N	/μm
1	35	0.12	0.15	23	15	0.3	37.87	16.95	27.70	5
2	35	0.18	0.25	28	25	0.7	81.27	32.70	53.73	39
3	40	0.12	0.15	28	25	0.3	36.38	16.00	25.75	12
4	40	0.18	0.25	23	15	0.7	82.58	32.45	52.79	18
5	50	0.12	0.25	23	25	0.7	57.31	23.20	38.35	34
6	50	0.18	0.15	28	15	0.3	48.61	19.41	29.39	5
7	55	0.12	0.25	28	15	0.7	58.64	23.32	38.32	12
8	55	0.18	0.15	23	25	0.3	46.57	18.39	27.50	16
9	32	0.12	0.12	22	18	0.6	30.00	13.95	22.45	11
10	37	0.12	0.16	24	12	0.5	40.03	17.66	28.88	6
11	39	0.18	0.2	21	17	0.8	65.92	26.60	42.42	17
12	44	0.12	0.3	25	20	0.2	73.29	29.58	50.64	9
13	47	0.1	0.25	20	25	0.6	50.11	21.06	35.64	38
14	49	0.15	0.1	28	29	0.3	27.28	11.74	17.35	13
15	51	0.18	0.15	30	21	0.7	47.05	18.78	28.31	16
16	57	0.1	0.18	29	23	0.6	35.92	15.12	24.35	17
17	54	0.15	0.22	24	28	0.5	57.32	22.53	35.59	45
18	36	0.2	0.28	27	19	0.8	100.69	39.16	64.38	26
19	56	0.18	0.25	25	14	0.1	80.36	29.95	47.23	3
20	41	0.2	0.2	26	27	0.3	69.44	27.43	42.98	26

7.3.2 模型输入参数选择方法

对神经网络模型的输入参数进行选择，根本目标是选出一组输入参数组合，以使模型的预测精度达到最高。为此，基于正交表设计出一系列不同的输入参数组合，并进行正交试验。这里的正交试验即指针对不同的输入参数进行神经网络建模，以验证数据评估输入参数组合的建模精度，并将模型的预测精度作为对应输入参数组合的试验结果。在正交试验中，每个备选加工参数具有两个水平：出现或不出现在输入参数中，表示为 Present 和 Not。因此，每个备选加工参数对尺寸误差预测精度的影响可以表述为

$$\text{Effect} = (\text{Performance at level Present}) - (\text{Performance at level Not}) \tag{7.1}$$

若此值为正数，说明该参数作为输入参数能够提高神经网络的预测精度，反之则降低预测的精度。最后，将所有能够提高神经网络预测精度的备选参数作为预测模型的输入参数，以实现尺寸误差的实时监测。

在细长轴车削加工过程中，由切削力导致的工件变形是产生尺寸误差的主要原因。因此，工件的刚度特性对尺寸误差有重要影响。为在预测模型中反映出工件刚度的影响，在此将工件的直径 D、长径比 L/D 和切削点位置 z/L 作为神经网络模型的备选输入参数。其中切削点位置由刀具距离卡盘的轴向距离 z 和总的切削长度 L 的比值表示。其他备选输入参数为切削速度 v_c、进给量 f、背吃刀量 a_p、主切削力 F_c、背向力 F_p 和进给力 F_f。

为分析备选参数对预测精度的影响，由 9 因素 2 水平正交表设计出 16 组输入参数组合（表 7.5），表中"1"表示该参数被选为输入参数，"0"表示该参数不作为输入参数。针对 16 组输入参数组合，分别建立相应的神经网络预测模型，神经网络的预测精度由预测值和试验值间的相关系数反映，网络的培训速度用训练步数 epoch 衡量，其结果亦记录于表 7.5 中。

表 7.5　神经网络模型输入参数选择正交表及试验结果

序号	输入参数									建模精度	
	v_c	f	a_p	D	L/D	F_c	F_p	F_f	z/L	相关系数	培训周期
1	1	1	1	1	1	1	1	1	1	0.655 1	71
2	1	1	1	1	1	0	0	0	1	0.799 3	45
3	1	0	1	0	1	0	1	1	0	0.543 3	88
4	1	0	1	0	1	1	0	0	0	0.431 1	118
5	1	0	0	1	0	0	1	0	1	0.380 2	199
6	1	0	0	1	0	1	0	1	1	0.380 0	136
7	1	1	0	0	0	1	1	0	0	0.353 8	1 282
8	1	1	0	0	0	0	0	1	0	0.340 3	2 034
9	0	0	0	1	1	0	0	0	0	0.704 5	266
10	0	0	0	1	1	1	1	1	0	0.794 5	271
11	0	1	0	0	1	1	0	0	1	0.875 3	184
12	0	1	0	0	1	0	1	1	1	0.930 4	110
13	0	1	1	1	0	1	0	1	0	0.337 4	788
14	0	1	1	1	0	0	1	0	0	0.350 7	1 063
15	0	0	1	0	0	0	0	1	1	0.499 4	2 438
16	0	0	1	0	0	1	1	0	1	0.476 4	1 139

7.3.3 神经网络建模

本章采用多层前馈神经网络建立尺寸误差的在线监测模型,并使用 MATLAB 软件提供的神经网络工具箱完成模型的培训与验证工作。在应用神经网络建立尺寸误差预测模型的过程中,主要完成如下内容。

(1)神经网络培训算法的选择。

标准的 BP 算法是基于梯度下降法,通过计算误差目标函数对网络权值及阈值的梯度来进行修正,易陷入局部最小,且训练时间较长。MATLAB 提供了多种改进的培训算法,通过比较最终采用基于数值优化的 Levenberg-Marquardt 算法(简称 LM 算法)。该算法的优点在于:对于中等数量的网络参数,LM 算法是最快的神经网络培训算法[121],且该算法具有非常高的 MATLAB 执行效率[122]。

衡量神经网络性能的重要标志之一是其泛化能力。提高神经网络泛化能力的关键在于寻找合适的网络结构和网络连接权。贝叶斯正则化方法通过对网络权值的限制,可以有效地改善神经网络的泛化能力,限制过拟合的产生。因此,本文联合使用贝叶斯正则化方法和 LM 算法进行神经网络培训。贝叶斯正则化方法和 LM 算法联合使用的详细说明见文献[123]。

(2)输入数据的预处理。

在培训神经网络的过程中,由于原始数据的量纲和取值范围不同,造成网络的各个输入参数值相差较大。为消除这种影响,采用归一化处理方法使输入参数分布在[-1,1]区间内。归一化处理按下式进行。

$$x_i=\frac{2(d_i-d_{\min})}{d_{\max}-d_{\min}}-1 \tag{7.2}$$

式中 x_i—— 归一化处理后的数据;

d_i——原始数据;

$d_{\max}$——原始数据中的最大值;

$d_{\min}$——原始数据中的最小值。

在应用神经网络进行预测时,需要对神经网络的输出数据进行反归一化处理,以获得实际的预测值。反归一化处理按下式进行。

$$d_i=\frac{(x_i+1)(d_{\max}-d_{\min})}{2}+d_{\min} \tag{7.3}$$

(3)神经网络的培训与验证。

为减少神经网络结构对参数选择的影响,采用 5 组不同拓扑结构的神经网络进行建模,以评估输入参数组合的建模精度。其中 3 组为单隐层神经网络,隐层神经元数分别为 3,5 和 7;另两组为双隐层神经网络,每个隐层的神经元数分别为 5 和 10。所有网络中隐层神经元的激活函数均为双曲正切 S 型函数(tansig),输出层的激活函数为线性函数(purelin)。

对上述 16 组输入参数组合分别进行神经网络建模。每组输入参数组合均采用 5 组网络进行建模,同时使用试验获得的验证数据评估 5 组神经网络的预测精度,并以最佳预测精度作为对应输入组合的试验结果(表 7.5)。可以看到,第 12 组输入参数组合的建模精度最高,且网格的收敛速度很快。

将式(7.1)计算备选的神经网络输入参数对预测精度的影响值记于表 7.6 中。结果显示,进给量 f、工件长径比 L/D、背向力 F_p、进给力 F_f 和切削点位置 z/L 作为神经网络的输入参数能够提高尺寸误差的预测精度,其余参数则会降低神经网络的预测精度,这一结果与模型 12 的预测精度是一致的。因此,进给量、工件长径比、背向力、进给力和切削点位置是构成细长轴尺寸误差实时监测神经网络模型的最佳输入参数组合。

表 7.6　输入参数对神经网络尺寸误差预测精度的影响

v_c	f	a_p	D	L/D	F_c	F_p	F_f	z/L
−0.135 7	0.054 1	−0.083 3	−0.006 0	0.326 9	−0.029 8	0.014 6	0.013 6	0.142 6

在细长轴车削加工过程中,工件受力变形是产生尺寸误差的主要原因。而工件的变形情况与切削点位置和工件长径比密切相关,因此,切削点位置和工件长径比作为输入参数有助于提高尺寸误差的预测精度;背向力 F_p 是加工过程中导致工件变形的最主要原因,且水平方向是尺寸误差的敏感方向,故背向力作为输入参数能够提高尺寸误差的预测精度。

为进一步考查进给量 f 和进给力 F_f 对预测精度的影响,在表 7.5 中模型 12 的基础上分别取消输入参数 f 和 F_f 进行建模,结果见表 7.7。可以看到,当分别取消 f 和 F_f 作为实时预测神经网络模型的输入参数时,模型的预测精度明显下降。

表 7.7　进给量和进给力对尺寸误差预测精度的影响

序号	输入参数									建模精度	
	v_c	f	a_p	D	L/D	F_c	F_p	F_f	z/L	相关系数	培训周期
1	0	0	0	0	1	0	1	1	1	0.720 6	106
2	0	1	0	0	1	0	1	0	1	0.822 4	142

7.3.4　实时预测模型的补充培训

在输入参数选择过程中产生的实时预测神经网络模型(表 7.5 中的模型 12),其预测误差仍较大,最大预测误差为 20.5 μm,预测值与试验值间的相关系数为 0.930 4。为进一步提高该模型的预测精度,采用 20 组通过试验随机生成的培训数据对其进行补充培训,补充培训数据见表 7.8。

表 7.8　在线监测神经网络路模型的补充培训数据

序号	加工参数					切削点	切削力			尺寸误差
	v_c /(m·min^{-1})	f /(mm·r^{-1})	a_p /mm	D /mm	L/D	z/L	F_c /N	F_p /N	F_f /N	/μm
1	46	0.18	0.28	26	29	0.7	84.82	32.48	52.37	63
2	42	0.12	0.21	21	27	0.6	48.02	20.36	33.56	43
3	48	0.18	0.14	26	22	0.4	44.32	17.98	27.07	15
4	51	0.12	0.24	22	12	0.3	57.56	23.22	38.33	5
5	55	0.18	0.18	28	23	0.3	56.53	21.89	33.38	14
6	57	0.18	0.24	26	25	0.8	73.51	27.56	43.02	30
7	48	0.12	0.19	21	16	0.6	45.20	18.87	30.56	12
8	51	0.18	0.27	27	19	0.7	85.30	32.10	51.33	24
9	57	0.12	0.28	24	29	0.9	64.30	25.19	41.64	24
10	46	0.18	0.24	23	17	0.4	77.85	30.07	48.07	15
11	31	0.12	0.12	22	12	0.8	30.58	14.27	23.06	7
12	33	0.1	0.26	27	18	0.4	57.35	25.21	44.56	13
13	37	0.15	0.17	21	29	0.6	45.22	19.38	30.85	49
14	39	0.18	0.22	23	23	0.3	73.50	29.34	47.30	11
15	45	0.18	0.19	29	19	0.7	61.06	24.25	37.91	18
16	56	0.12	0.11	24	27	0.9	25.15	10.85	16.36	11
17	35	0.2	0.23	22	23	0.3	83.72	33.32	53.91	17
18	41	0.12	0.24	26	17	0.4	59.01	24.62	41.50	9
19	52	0.18	0.18	24	26	0.5	54.66	21.43	32.73	32
20	34	0.12	0.25	28	18	0.7	62.37	26.69	45.96	18

在神经网络建模过程中,确定网络的隐层数和隐层神经元数是其中的重要内容。为获得优化的网络结构,基于输入参数选择的结果,一系列含有不同隐层数和隐层神经元数的神经网络被培训,并采用验证数据对生成的神经网络进行评价,不同拓扑结构神经网络的预测能力见表 7.9。结果表明,隐层单元数为 4 的单隐层神经网络模型给出最佳的预测精度,且具有良好的泛化能力,因此选择该模型执行尺寸误差的在线监测,其拓扑结构

如图7.5所示。

表7.9 不同拓扑结构神经网络模型预测精度的比较

序号	网络结构	建模精度		
		相关系数	最大误差/μm	培训周期
1	5×3×1	0.968 5	9.130 5	117
2	5×4×1	0.978 3	6.412 6	292
3	5×5×1	0.948 9	−8.250 4	202
4	5×6×1	0.968 6	10.929 6	124
5	5×7×1	0.949 2	−7.774 6	183
6	5×10×1	0.968 1	7.007 7	312
7	5×15×1	0.962 1	−6.238 3	254
8	5×5×5×1	0.970 2	−7.447 0	137
9	5×10×10×1	0.971 1	6.987 9	136
10	5×15×15×1	0.969 2	−7.352 8	118

在线监测神经网络模型的预测值与试验值的详细比较如图7.6所示。其预测的尺寸误差与试验值的相关系数达到0.978 3，最大预测误差为6.41 μm，且验证数据中90%的预测误差在±5 μm以内。

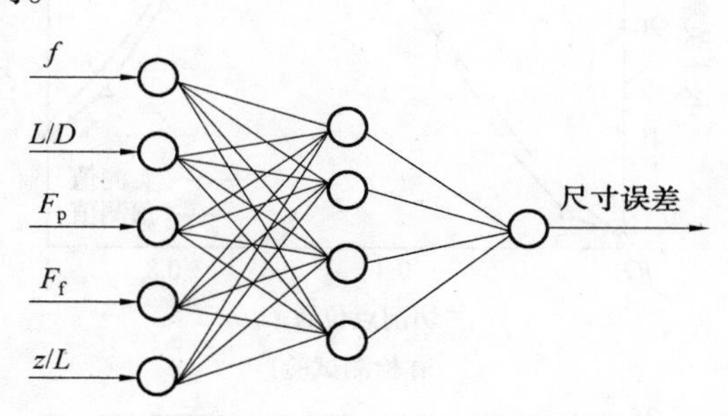

图7.5 尺寸误差实时预测神经网络的拓扑结构

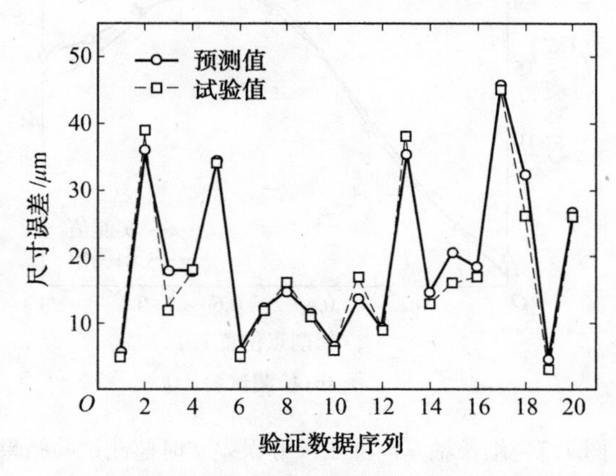

图7.6 神经网络预测结果与试验值的比较

7.4 尺寸误差实时监测试验

采用 LABVIEW 软件重写由 MATLAB 培训得出的神经网络模型,并调用切削力分量的实时采样信息以执行尺寸误差的在线监测。共进行两组切削试验,切削参数如下:

(1) $v_c = 35$ m/min, $f = 0.12$ mm/r, $a_p = 0.15$ mm, $D = 22$ mm, $L/D = 27$;

(2) $v_c = 56$ m/min, $f = 0.18$ mm/r, $a_p = 0.25$ mm, $D = 26$ mm, $L/D = 18$。

这两组切削参数均未在培训数据中出现,因此可以用来衡量预测模型的泛化能力。

试验结果如图 7.7 所示,可以看到,尺寸误差实时监测系统具有良好的预测精度,且具有较强的泛化能力,其预测误差小于 8 μm,完全可用于细长轴实际生产中尺寸误差的实时监测,并为尺寸误差的在线补偿提供依据。

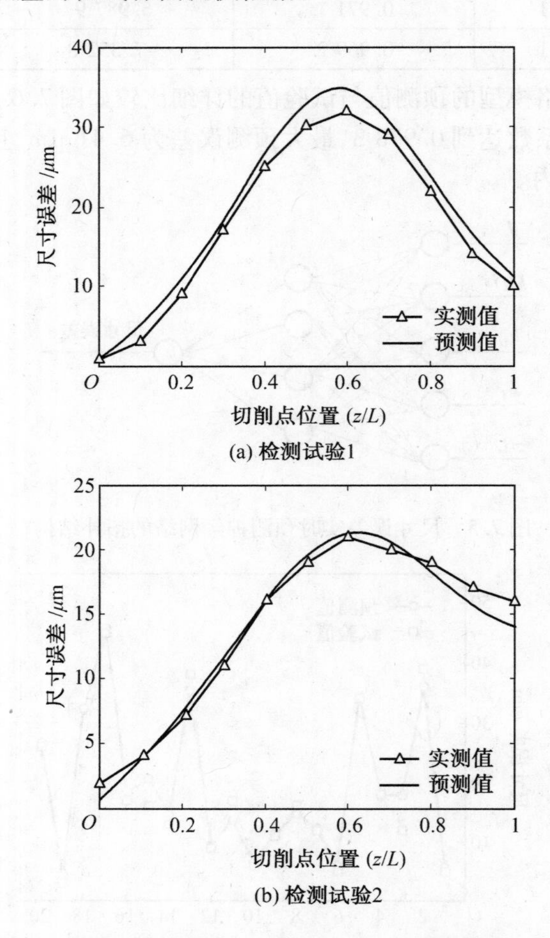

图 7.7　细长轴车削加工尺寸误差实时监测试验结果

参考文献

[1] EMAD I A. Machining system stability analysis for chatter suppression and detection[D]. Michigan: The University of Michigan, 2000.

[2] 于骏一，吴博达. 机械加工振动的诊断、识别与控制[M]. 北京：清华大学出版社，1994.

[3] MARSH E R, SCHAUT A J. Measurement and simulation of regenerative chatter in diomand turning[J]. Precision Engineering, 1998, 22: 252-257.

[4] CHIOU R Y, LIANG S Y. Chatter stability of a slender cutting tool in turning with tool wear effect[J]. International Journal of Machine Tools & Manufacture, 1998, 38(4): 315-327.

[5] RAO B C, SHIN Y C. A comprehensive dynamic cutting force model for chatter prediction in turning[J]. International Journal of Machine Tools & Manufacture, 1999, 39: 1631-1654.

[6] CLANCY B E, SHIN Y C. A comprehensive chatter prediction model for face turning operation including tool wear effect[J]. International Journal of Machine Tools & Manufacture, 2002, 42: 1035-1044.

[7] FOFANA M S, EE K C, JAWAHIR I S. Machining stability in turning operation when cutting with a progressively worn tool insert[J]. Wear, 2003, 255: 1395-1403.

[8] 王晓军. 车削加工系统稳定性极限预测的研究[D]. 长春：吉林大学，2005.

[9] 李晓舟，殷立仁. 利用磁力跟刀架减小细长轴车削振动[J]. 现代机械，1996(3): 47-48.

[10] LU W F, KLAMECKI B E. Prediction of chatter onset in turning with a modified chatter model[J]. ASME WAM, 1990, PED-Vol. 44: 237-252.

[11] CHEN C K, TSAO Y M. A stability analysis of turning a tailstock supported flexible work-piece[J]. International Journal of Machine Tools & Manufacture, 2006, 46: 18-25.

[12] CHEN C K, TSAO Y M. A stability analysis of regenerative chatter in turning process

without using tailstock[J]. International Journal of Advanced Manufacturing Technology, 2006, 29: 648-654.

[13] WANG Z C, CLEGHORN W L. Stability analysis of spinning stepped-shaft workpieces in a turning process[J]. Journal of Sound and Vibration, 2002, 250(2): 356-367.

[14] BAKER J R, ROUCH K E. Use of finite element structural models in analyzing machine tool chatter[J]. Finite Element in Analysis and Design, 2002, 38: 1029-1046.

[15] RAMEZANALI M. Finite element analysis of machine and workpiece instability in turning[J]. International Journal of Machine Tools & Manufacture, 2005, 45: 753-760.

[16] NICOLESCU C M. On-line identification and control of dynamic characteristics of slender workpieces in turning[J]. Journal of Material Processing Technology, 1996, 58: 374-378.

[17] YEH L J, LAI G J. A study of the monitoring and suppression system for turning slender workpieces[J]. Proceedings of the Institution of Mechanical Engineers, Part B: Journal of engineering Manufacture, 1995, 209(3): 227-236.

[18] 柳庆，李斌，吴雅. 应用人工神经网络监测切削颤振[J]. 制造技术与机床，1995(12)：17-19.

[19] 于骏一，周晓勤. 切削颤振的预报控制[J]. 中国机械工程，1999(10)：1028-1032.

[20] 孔繁森，王宇，于骏一. 颤振征兆早期识别的模糊信息融合法[J]. 机械工程学报，2004 (40)：108-111.

[21] TANSEL I N, ERKAL C, KERAMIDAS T. The chaotic characteristics of three dimensional cutting[J]. International Journal of Machine & Manufacture, 1992, 32(6): 811-827.

[22] LIU Z Q. Repetitive measurement and compensation to improve workpiece machining accuracy[J]. International Journal of Advanced Manufacturing Technology, 1999, 15: 85-89.

[23] LIU Z Q, VENUVINOD P K. Error compensation in CNC turning solely from dimensional measurements previously machind parts[J]. CIRP Annals-Manufacturing Technology, 1999, 48: 429-432.

[24] FERREIRA P, LIU C. A contribution to the analysis and compensation of the geometric error of a machine center[J]. Annals CIRP, 1986, 35(1): 259-262.

[25] KOPS L, GOULD M, MIMZRACH M. Improved analysis of the workpiece accuracy in turning based on the emerging diameter[J]. Journal of Engineering for Industry, 1993, 115: 253-257.

[26] KOPS L, GOULD M, MIZRACH M. A search for equilibrium between workpiece deflection and depth of cut: key to predict compensation for deflection in turning[J]. Manufacturing Science and Engineering ASME, 1994, PED-68-2: 819-825.

[27] MAYER J R R, PHAN A V, CLOUTIER G. Prediction of diameter errors in bar turning: a computationally effective model [J]. Applied Mathematical Modeling, 2000, 24: 943-956.

[28] PHAN A V, BARON L, MAYER J R R, et al. Finite element and experimental studies of diametral errors in cantilever bar turning [J]. Applied Mathematical Modeling, 2003, 27: 221-232.

[29] CARRINO L, GIORLEO G, POLINI W, et al. Dimensional errors in longitudinal turning based on the unified generalized mechanics of cutting approach [J]. International Journal of Machine Tools and Manufacture, 2002, 42: 1509-1525.

[30] POLINI W, PRISCO U. The estimation of the diameter error in bar turning: a comparison among three cutting force models [J]. International Journal of Advanced Manufacturing Technology, 2003, 22(7-8): 465-474.

[31] BENARDOS P G, MOSIALOS S, VOSNIAKOS G -C. Prediction of workpiece elastic deflection under cutting forces in turning [J]. Robotics and Computer-Integrated Manufacturing, 2006, 22: 505-514.

[32] LIU Zhanqiang. Finite difference calculation of the deformation of multi-diameter workpiece during turning [J]. Journal of Material Processing Technology. 2000, 98: 310-316.

[33] LIU Zhanqiang. Methodology of parametric programming for error compensation on CNC centers [J]. International Journal of Advanced Manufacturing Technology, 2001, 17: 570-574.

[34] 范胜波. 虚拟数控车削加工质量预测系统的研究[D]. 天津:天津大学,2005.

[35] 刘佳,卢晓煜. 计算机辅助加工工件变形分析方法[J]. 北京理工大学学报,2002, 22(6):687-690.

[36] 亓四华，费业泰. 应用人工神经网络预测加工尺寸误差的动态分布[J]. 工具技术，2000，34(6)：28-30.
[37] 乐清洪，赵骥，朱名铨. 人工神经网络在产品质量控制中的应用研究[J]. 机械科学与技术，2000，19(3)：433-435.
[38] 葛英飞，徐九华，杨辉，等. SiC_p/Al 复合材料超精密车削表面质量的影响因素[J]. 机械工程材料，2007，31(10)：7-10.
[39] 王洪祥，董申，李旦，等. 通过切削参数的优选控制振动对超精密加工表面质量影响[J]. 中国机械工程，2000，11(4)：452-455.
[40] 黄雪梅，王启义. 车削物理仿真工件表面质量模型的研究[J]. 机械，2001，28(5)：8-9.
[41] 赵学智，叶邦彦，陈统坚，等. 导电加热切削对加工表面质量的影响[J]. 工具技术，1999，33(6)：8-11.
[42] 李红军. 数控车削表面质量物理仿真与研究[D]. 南京：南京理工大学，2005.
[43] 曾其勇，吴凯，郑晓峰，等. 影响切削工件表面质量的因素分析及要因的检测系统设计[J]. 制造技术与机床，2012(4)：108-111.
[44] 陈杰，田光学，迟永刚，等. 超声振动车削 W-Fe-Ni 表面质量及其形貌特征研究[J]. 工具技术，2007，41(8)：44-47.
[45] 燕金华. 空冷对镁合金切削加工表面质量的影响[J]. 工具技术，2013，47(9)：50-53.
[46] 贺大兴，盛伯浩，周祖德，等. 多孔质轴承层流方法提高金刚石切削表面质量的研究[J]. 中国机械工程，2009，20(10)：1180-1183.
[47] 赵清亮，董申，赵奕. 脆性单晶材料的各向异性对金刚石切削表面质量影响的研究[J]. 中国机械工程，2000，11(8)：855-859.
[48] 栾晓明，胡斌梁，周知进. 7075-T6 铝合金单向超声振动车削表面质量及形貌特征[J]. 湖南科技大学学报(自然科学版)，2014，29(2)：27-30.
[49] 全燕鸣，曾志新，叶邦彦. 复合材料的切削加工表面质量[J]. 中国机械工程，2002，13(21)：1872-1875.
[50] 石文天，刘玉德，丁悦，等. PCD 刀具微细车削硬铝合金的表面质量研究[J]. 机床与液压，2011，39(17)：15-17.
[51] 黄辉，张学军，马文生. 铜铝合金镜面切削加工的表面质量[J]. 光学机械，1992，

(6):19-23.

[52] 周明,董申,袁哲俊.金刚石切削中工件材料的微观性能对切削表面质量的影响[J].航空工艺技术,1996(5):15-16.

[53] 张洪霞.300M 超高强度钢高速车削加工表面质量的研究[D].哈尔滨:哈尔滨理工大学,2014.

[54] CHOUDHURY S K, APPARAO I V K. Optimization of cutting parameters for maximizing tool life [J]. International Journal of Machine Tools and Manufacture, 1999, 39: 3430-353.

[55] KOPAC J, BAHOR M, SOKOVIC M. Optimal machining parameters for achiecing the desired surface roughness in fine turning of cold pre-formed steel workpieces [J]. Journal of Machine Tools and Manufacture, 2002(42): 707-716.

[56] ZUPERL U, CUS F. Optimization of cutting conditions during cutting by using neural networks [J]. Robotics and Computer Integrated Manufacturing, 2003(19): 189-199.

[57] AREZOO R, RIDGWONG K, AL-AHMARI A M A. Selection of cutting tools and conditions of machining operations using an expert system [J]. Computers in industry, 2000, (42): 43-58.

[58] CUS F, BALIC J. Optimization of cutting process by GA approach [J]. Robotics and Computer Integrated Manufacturing, 2003(19):113-121.

[59] MURSEC B, CUS F. Integral model of selection of optimal cutting condition from different databases of tool makers [J]. Journal of Materials Processing Technology, 2003, (133):158-165.

[60] 姜彬,郑敏利,李振加.数控车削用量优化切削力约束条件的建立[J].机械工程师,2002(8):30-38.

[61] LEE B Y, TARNG Y S. Cutting-parameter selection for maximizing production rate or minimizing production cost in multistage turning operations [J]. Journal of Materials Processing Technology, 2000(105):61-66.

[62] 汪文津,王太勇,范胜波.基于自适应遗传算法的数控铣削过程参数优化仿真[J].制造业自动化,2004,26(8):28-30.

[63] BRYAN J. International status of thermal error research[J]. Annals CIRP, 1990, 39(2): 645-656.

[64] DONMEZ M, BLOMQUIST D R H, et al. A general methodology for machine tool accuracy enhancement by error compensation[J]. Precision Engineering, 1986, 8(4): 187-196.

[65] MOU J, LIU C. An adaptive methodology for machine tool error correction[J]. ASME Journal of Engineering for Industry, 1995, 117: 389-399.

[66] SARTORI S, ZHANG G. Geometric error measurement and compensation of machines [J]. Annals CIRP, 1995, 44(2): 1-11.

[67] VORBURGER T, YEE K B S, et al. Post-process control of machine tools[J]. Manufacturing Review, 1994, 7(3): 252-266.

[68] WECH M, MCKEOWN P, BONSE R. Reduction and compensation of thermal errors in machine tool[J]. Annals CIRP, 1995, 44(2): 589-598.

[69] 李桂华,马修水. 误差补偿技术在轴加工中的应用[J]. 机械制造, 2004, 42(478): 53-54.

[70] 王清明,卢泽生,梁迎春. 亚微米数控车床误差补偿技术研究[J]. 中国机械工程, 1999, 10(10): 1169-1172.

[71] NI J, WU S M. An on-line measurement technique for machine volumetric error compensation[J]. ASME, Journal of Engineering for Industry, 1993, 115: 85-92.

[72] HATAMURA Y, NAGAO T, MITSUISHI M, et al. Development of an intelligent machining center incorporating active compensation for thermal distortion[J]. Annals of the CIRP, 1993, 42(1): 549-552.

[73] HARDWICK B R. Improving the accuracy of CNC machine tools using software compensation for thermally induced errors[C]. Manchester: Proceedings of the 29 Int. MATADOR Conference, 1992: 261-268.

[74] OKUSHIMA K, KAKINO Y, JIGASHIMOTO A. Compensation of thermal displacement by coordinate system correction[J]. Annals CIRP, 1975, 24(1): 327-331.

[75] VELDHUIS S C, ELBESTAWI M A. Modeling and compensation for five-axis machine tool errors[J]. ASME, Manufacturing Science and Engineering, 1994, PED-Vol. 68-2: 827-839.

[76] FAN C, COLLINS E G, LIU C, et al. Radial error feedback control for bar turning in CNC turning centers[J]. ASME, Journal of Manufacturing Science and Engineering,

2003, 125: 77-84.

[77] SHIRAISHI M, SATO S. Dimensional and surface roughness controls in a turning operation[J]. ASME Transactions, Journal of Engineering for Industry, 1990, 112: 78-83.

[78] 高栋, 姚英学, 袁哲俊. 用于误差补偿的二维微量进给刀架[J]. 工具技术, 2001, 35(1): 13-14.

[79] 马淑梅, 陈彬. 超精密加工中的微位移技术[J]. 同济大学学报, 2000, 28(6): 684-687.

[80] 倪军. 数控机床误差补偿研究的回顾及展望[J]. 中国机械工程, 1997, 8(1): 29-33.

[81] LIANG S Y, HECKER L R, LANDERS R G. Machining process monitoring and control: the state-of-art[J]. ASME, Journal of Manufacturing Science and Engineering, 2004, 126: 297-310.

[82] SHI D, GINDY N. Developmeng of and online machining process monitoring system: application in hard turning[J]. Sensors and Actuators A: Physical, 2007, 135: 405-414.

[83] AZOUZI R, GUILLOT M. On-line prediction of surface finish and dimensional deviation in turning using neural network based sensor fusion[J]. International Journal of Machine Tools & Manufacture, 1997, 37(9): 1201-1217.

[84] RISBOOD K A, DIXIT U S, SAHASRABUDHE A D. Prediction of surface roughness and dimensional deviation by measuring cutting forces and vibrations in turning process[J]. Journal of Materials Processing Technology, 2003, 132: 203-214.

[85] SUNEEL T S, PANDE S S. Intelligent tool path correction for improving profile accuracy in CNC turning[J]. International Journal of Production Research, 2000, 38(14): 3181-3202.

[86] JEONG G, KIM D H, JANG D Y. Real time monitoring and diagnosis systemdevelopment in turning through measuring a roughness error based on three-point method[J]. International Journal of Machine Tools & Manufacture, 2005, 45: 1494-1503.

[87] TOPAL E S, COGUN C. A cutting force induced error elimination method for turning operations[J]. Journal of Materials Processing Technology, 2005, 170: 192-203.

[88] LI X. Real-time prediction of workpiece errors for a CNC turning centre[J]. International Journal of Advanced Manufacturing Technology, 2001, 17: 649-669.

[89] 韩荣第,周明. 金属切削原理与刀具[M]. 哈尔滨:哈尔滨工业大学出版社,1998.

[90] JAYARAM S. Stability and vibration analysis of turning and face milling processes [D]. Urbana-Champaign: University of Illinois at Urbana-Champaign, 1997.

[91] 曹树谦,张文德,萧龙翔. 振动结构模态分析——理论、实验与应用[M]. 天津:天津大学出版社,2001.

[92] 张军,唐文彦,强锡富. 再生型切削颤振稳定性极限的图解法[J]. 中国机械工程,2000,11(5):496-498.

[93] 师汉民. 金属切削理论及其应用新探[M]. 武汉:华中科技大学出版社,2003.

[94] TLUSTY J. Analysis of the state of resesrch in cutting dynamics [J]. Annals of the CIRP, 1978,27(2):583-589.

[95] 杨橚,唐恒龄,廖伯瑜. 机床动力学[M]. 北京:机械工业出版社,1983.

[96] WECK M, TEIPEL K. 金属切削机床的动态特性[M]. 张慧聪,译. 北京:机械工业出版社,1985.

[97] 翁泽宇,彭伟,贺兴书. 确定三维切削动态切削力系数的新方法[J]. 东南大学学报(自然科学版),2003,33(3):319-323.

[98] WENG Z Y, LU B, HE X S, et al. Three-dimensional dynamic model and stability analysis of cutting system [C]. Hong Kong: CIRP International Symposium, Advanced Design and Manufacture in the Global Manufacturing Era, 1997:89-97.

[99] 郭建亮. 细长轴类工件车削加工的研究[D]. 哈尔滨:哈尔滨工业大学,2006.

[100] BUDAK E, OZLU E. Analytical modeling of chatter stability in turning and boring operations: a multi-dimensional approach [J]. Annals of the CIRP, 2007,56(1): 401-404.

[101] SU C T, CHEN M C. Computer-aided optimization ofmulti-pass turning operations for continuous forms on CNC lathes [J]. IIE Transactions, 1999, 31:583-596.

[102] SARAVANAN R, ASOKAN P, SACHIDANANDAM M. A multi-objective genetic algorithm (GA) approach for optimization of surface grinding operations [J]. International Journal of Machine Tools and Manufacture, 2002,42: 1327-1334.

[103] 富宏亚. 基于智能控制的切削加工误差补偿和振动控制的研究[D]. 哈尔滨:哈尔滨工业大学,2002.

[104] SATISHKUMAR S, ASOKAN P, KUMANAB S. Optimization of depth of cut in multi-

pass turning using nontraditional optimization techniques [J]. International Journal of Advanced Manufacturing Technology, 2006, 29:230-238.

[105] MANDAL D, PAL S K, SAHA P. Modeling of electrical discharge machining process using back progagation neural network and multi-objective optimization using non-dominating sorting genetic algorithm-ii [J]. Journal of Materials Processing Technology, 2007,186:154-162.

[106] KRAIN H R, SHARMAN A R C, RIDGWAY K. Optimization of tool life and productivity when end milling inconel 718TM [J]. Journal of Materials Processing Technology, 2007,189:153-161.

[107] JAIN N K, JAIN V K, DEB K. Optimization of process parameters of mechanical type advanced machining processes using genetic algorithms [J]. International Journal of Machine Tools and Manufacture, 2007,47:900-919.

[108] 周明,孙树栋. 遗传算法原理及应用[M]. 北京:国防工业出版社,1999.

[109] 黄洪钟,赵正佳,姚新胜,等. 遗传算法原理、实现及其在机械工程中的应用研究与展望[J]. 机械设计,2000,(3):1-6.

[110] 玄光男,程润伟. 遗传算法与工程优化[M]. 北京:清华大学出版社,2004.

[111] HERRERA F, LOZANO M, VERDEGAY J L. Tackling real-coded genetic algorithms: operators and tools for behavioural analysis [J]. Artificial Intelligence Review, 1998, 12:265-319.

[112] HAOUANI M, LEFEBVRE D, ZERHOUNI N, et al. Neural networks implementation for modeling and control design of manufacturing systems [J]. Journal of Intelligent Manufacturing, 2000, 11:29-40.

[113] SAMSON S L, JOSEPH C C. On-line surface roughnessrecognition system using artificial neural networks system in turning operations [J]. International Journal of Advanced Manufacturing Technology, 2003, 22: 498-509.

[114] SUKTHOMYA W, TANNOCK J. The training of neural networks to model manufacturing process [J]. Journal of Intelligent Manufacturing, 2005, 16: 39-51.

[115] ÖZEL T, KARPAT Y. Predictive modeling of surface roughness and tool wear in hard turning using regression and neural networks [J]. International Journal of Machine Tools and Manufacture, 2005, 45:467-479.

[116] EZUGWU E O, FADARE D A, BONNEY J, et al. Modelling the correlation between cutting and process parameters in high-speed machining of inconel 718 alloy using an artificial neural network [J]. International Journal of Machine Tools and Manufacture, 2005, 45: 1375-1385.

[117] CHOSH N, RAVI Y B, PATRA A, et al. Estimation of tool wear during CNC milling using neural network-based sensor fusion [J]. Mechanical Systems and Signal Processing, 2007, 21: 466-479.

[118] DAVIM J P, GAITONDE V N, KARNIK S R. Investigation into the effect of cutting conditions on surface roughness in turning of free machining steel by ann models [J]. Journal of Materials Processing Technology, 2008, 205: 16-23.

[119] KOROSEC M, KOPAD J. Improved surface roughness as a result of free- form surface machining using self-organized neural network[J]. Journal of Materials Processing Technology, 2008, 204: 94-102.

[120] 师汉民,陈吉红,阎兴,等. 人工神经网络及其在机械工程领域中的应用[J]. 中国机械工程,1997,8(2):5-10.

[121] HAGAN M T, MENHA J M. Training feedforward networkswith the marquardt algorithm [J]. IEEE Transactions on Neural Networks, 1994, 5(6):989-993.

[122] DEMUTH H, BEALE M. Neural network toolbox user's guide [M/OL]. The Mathworks Inc, 2000.

[123] FORESEE F D, HAGAN M T. Gauss-newton approximation to Bayesian regularization [C]. Piscatawany NJ: Proceedings of the 1997 International Joint Conference on Neural Networks, 1997:1930-1935.

名词索引

A

ARMA 模型/1.2

B

比例阻尼/3.3

变异运算/6.2,6.4

表面粗糙度/1.2,5.4

C

残余应力/1.2

传递函数/3.3

重叠系数/3.2,3.6

D

动柔度/3.3

F

方差分析/5.3,5.4

分离变量/2.2

G

固有频率/2.2,3.4,3.5

H

Hausdorff 维数/1.2

混沌特性/1.2

混沌系统/1.2

混沌运动/1.2

J

极差分析/5.3,5.4

极限切削宽度/3.3

剪切变形/2.5

交叉运算/6.2,6.4

解耦变换/3.3

均匀欧拉梁理论/1.2

L

冷作硬化/1.2

M

MINITAB/5.3,5.4

模态截断/3.3

N

奈奎斯特稳定性判据/1.2,3.3

O

欧拉-伯努利梁/1.2

Q

切削刚度系数/3.4

切削厚度变化效应/1.2

S

神经网络/7.2
实模态分析//3.3
试验模态分析/3.4
试验设计/5.2,7.3
适应度/6.4

W

稳健设计/5.4

X

信噪比/5.4
相关系数/7.3
选择运算/6.2,6.4

Y

遗传编码/6.4
遗传算法/6.2
硬态切削/5.1
有限差分法/1.2
有限元/3.2,4.3

Z

再生型颤振/3.2
正交试验/5.2,7.3
正则振型/2.2
转动惯量/2.5